はじめての統計学

道家　暎幸
伊藤　真吾　共著
宮﨑　直
酒井　祐貴子

コロナ社

まえがき

　本書は，初めて統計学を学ぶ人のための入門書として書かれたものである。
　近年の情報化社会では，さまざまな分野においてデータ解析の方法論としての統計学の重要性が増してきている。大学においても理系・文系を問わず，多くの分野で統計学の科目が設けられ，それに伴い統計学に関する教科書，参考書が多数出版されている。その中には，統計の理論的な側面に重点を置き，初学者には理解し難いテキストや，単なるお話に終始し統計的な手法を会得できない内容のテキストもある。本書は実用面を意識し，データ解析のための基本的な手法の理解と，それを使って結果を解釈できる能力を養うことを目標に書かれた教科書である。したがって，統計理論の証明は極力避け，その理論を使うための説明と理解度を深めるための例題に重点を置いた。それに関連し，応用力を養うための演習問題も精選した。
　本書は大学の通年科目（4単位）での使用を想定しているため，統計学の入門書として基本的な内容を一通り網羅したつもりである。半期科目（2単位）で使用される場合は，各章での主要な部分を抜粋し学習することも可能である。本書で学ぶ上で，高等学校までの教育課程における確率統計の予備知識は必要としないが，数学II程度の微分積分の知識があった方が望ましい。
　本書は初めて統計学を学ぶ人が，統計学の内容を楽しく理解できるように，平易な文章で，多くの例題や図表を取り入れ，自学自習でも興味を持って無理なく読み進めることのできるように心掛けた。本書で学んだ方々が，各分野で統計的な手法を適用し，あるいはより高度な統計学に興味を持ち，新しい研究の動機付けとなれば，著者等の喜びとするところである。

まえがき

　本書を執筆するに当たり，著者間で遺漏のないように意見交換したつもりであるが，不備な点もあると思われる。統計教育に携わっておられる教授各位のご批判と，本書で学ばれた方々からのご意見をお寄せいただければ幸いである。

　本書の刊行に際し，ご尽力いただいたコロナ社の方々に深甚なる謝意を表すものである。

2017年1月

著者一同

目　　　次

1. データの整理

1.1 集団と変数の分類 ……………………………………… *1*
1.2 度数分布表とヒストグラム ……………………………… *2*
1.3 代表値と散布度 ………………………………………… *8*
　1.3.1 代　表　値 ……………………………………… *8*
　1.3.2 散　布　度 ……………………………………… *12*
1.4 2次元データ …………………………………………… *18*
　1.4.1 相　関　係　数 ………………………………… *18*
　1.4.2 回　帰　直　線 ………………………………… *22*

2. 確　　　率

2.1 集　　　合 ……………………………………………… *26*
2.2 順列と組合せ …………………………………………… *28*
　2.2.1 順　　　列 ……………………………………… *28*
　2.2.2 組　合　せ ……………………………………… *29*
2.3 事象と確率 ……………………………………………… *32*
　2.3.1 試　行　と　事　象 ……………………………… *32*
　2.3.2 確　率　の　定　義 ……………………………… *34*

2.3.3 確率の法則 ………………………………………………… 37
2.4 条件付き確率と乗法定理 ……………………………………… 40
2.5 ベイズの定理 …………………………………………………… 43
2.6 反復試行の確率 ………………………………………………… 47

3. 確率分布

3.1 確率変数と確率分布 …………………………………………… 49
3.2 離散型確率分布 ………………………………………………… 51
3.3 二項分布 ………………………………………………………… 57
3.4 ポアソン分布 …………………………………………………… 60
3.5 いろいろな離散型確率分布 …………………………………… 64
　3.5.1 離散型一様分布 …………………………………………… 64
　3.5.2 超幾何分布 ………………………………………………… 65
3.6 連続型確率分布 ………………………………………………… 66
3.7 正規分布 ………………………………………………………… 71
　3.7.1 標準正規分布 ……………………………………………… 73
　3.7.2 確率変数の標準化 ………………………………………… 77
　3.7.3 正規分布による二項分布の近似 ………………………… 78
3.8 いろいろな連続型確率分布 …………………………………… 82
　3.8.1 連続型一様分布 …………………………………………… 82
　3.8.2 指数分布 …………………………………………………… 82

4. 標本分布

4.1 標本調査 ………………………………………………………… 84
4.2 母集団分布と標本分布 ………………………………………… 85

4.3 母比率と標本比率 ………………………………………… 91
4.4 正規母集団の標本分布 ……………………………………… 94
　4.4.1 χ^2 分 布 …………………………………………… 94
　4.4.2 t 分 布 ……………………………………………… 97
　4.4.3 F 分 布 ……………………………………………… 100

5. 推　　　定

5.1 点　推　定 ………………………………………………… 104
　5.1.1 点推定の考え方 ………………………………………… 104
　5.1.2 不偏性, 有効性, 一致性 ……………………………… 105
5.2 区　間　推　定 …………………………………………… 109
　5.2.1 区間推定の考え方 ……………………………………… 109
　5.2.2 母平均の区間推定 ……………………………………… 110
　5.2.3 母分散の区間推定 ……………………………………… 118
　5.2.4 母比率の区間推定 ……………………………………… 120

6. 仮 説 検 定

6.1 仮説検定の考え方 ………………………………………… 123
6.2 母平均の検定 ……………………………………………… 128
6.3 母分散の検定 ……………………………………………… 134
6.4 母比率の検定 ……………………………………………… 136
6.5 母平均の差の検定 ………………………………………… 139
6.6 等分散の検定 ……………………………………………… 144
6.7 適合度の検定 ……………………………………………… 146
6.8 独立性の検定 ……………………………………………… 149

7. 分散分析法

7.1 分散分析法とは ……………………………………………… 155
7.2 1元配置法 …………………………………………………… 156
   7.2.1 実験順序の無作為化 …………………………………… 157
   7.2.2 平方和の分解 …………………………………………… 158
   7.2.3 検定方法 ………………………………………………… 160
7.3 2元配置法 …………………………………………………… 165
   7.3.1 交互作用とは …………………………………………… 165
   7.3.2 実験順序の無作為化 …………………………………… 166
   7.3.3 平方和の分解 …………………………………………… 167
   7.3.4 検定方法 ………………………………………………… 170

付録 ………………………………………………………………… 177
   A.1 数表 ……………………………………………………… 177
   A.2 問題演習における数値計算上の注意 ………………… 189
引用・参考文献 …………………………………………………… 190
演習問題解答 ……………………………………………………… 191
索引 ………………………………………………………………… 207

1 データの整理

　統計学の内容は「記述統計」と「推測統計」の二つに大別される。この章では，調査，実験によって得られたデータから集団の性質や傾向を把握するための方法である**記述統計**を学ぶ。一般に，データは数値などの大量な情報の集まりなので，そのまま漠然と眺めていても集団が持つ性質や傾向は見えてこない。集めたデータの度数分布表からヒストグラムを作成して視覚的に，また平均や分散などを求めて数値的に集団の傾向を捉える方法を学習していこう。

1.1 集団と変数の分類

　ある市の A 中学校の生徒の**特性**について調査を行うとする。調査の対象は A 中学校の生徒全体とし，調査項目は生徒の性別，身長，体重，世帯人数，習い事の数，学校生活の満足度などである。このような調査を実施して得られる統計資料を**データ**という。また，調査対象の全体を**集団**，調査される個々の対象を**個体**といい，調査の結果得られたデータを**変数**で表す。

　変数は，性別，学校生活の満足度のようにデータがカテゴリーで表される**定性的変数**（質的変数）と身長，体重，世帯人数，習い事の数のようにデータが数値（観測値，特性値）で表される**定量的変数**に大別される。定性的変数に関して，性別は「男性」，「女性」の二つのカテゴリーからなる属性であり，このどちらかを選択させることで質的データを得る。また，学校生活の満足度は「満足」，「やや満足」，「どちらともいえない」，「やや不満」，「不満」のようにいくつかのカテゴリーを作成し，いずれかを選択させることで質的データを得る。

一方，定量的変数は，身長，体重のように，ある区間内のすべての実数の値をとり得る**連続型変数**と，世帯人数，習い事の数のように $0, 1, 2, \cdots$ といったとびとびの値をとる**離散型変数**に分類される。連続型変数を扱う際は，得られた数値について測定精度を考え，四捨五入して丸めたり，有効数字で表すことも必要である。例えば，身長のような連続型変数は，精密な測定機器を用いれば $164.72\,\mathrm{cm}$ のように詳しく測定することが可能であるが，この結果は測定時点によって変化すると考えられるし，一般的な身長調査を目的とするならば，それほど詳しい数値は意味がない。そこで，小数第1位を四捨五入して $165\,\mathrm{cm}$ と丸めれば十分である。

変数
- 定性的変数（質的変数）$\cdots$ 血液型，性別，好きな歌手 など
- 定量的変数（数値で表される）
  - ・連続型変数 $\cdots$ 身長，体重，時間，距離 など
  - ・離散型変数 $\cdots$ サイコロの目，人数，事故件数 など

1.2　度数分布表とヒストグラム

データから有効な情報を引き出すためには，データを目的に合わせて整理し，その特徴をわかりやすくまとめる必要がある。本節では，おもに定量的変数についてのデータのまとめ方を解説する。定量的変数を扱う場合，データの分布の中心やばらつきの大きさを知ることが重要であり，そのためには度数分布表とヒストグラムを作成することが有効である。

集めたデータがどのように分布しているかを表の形でまとめたものを**度数分布表**という。例えば，あるクラスの学生の身長の分布を調べたい場合，身長の範囲をいくつかの区間に区切り，各区間に属する学生数の分布を表にする。この区間のことを**階級**，各階級の中央の値を**階級値**，各階級に入るデータの個数を**度数**という。**表 1.1** はあるクラスの学生50人の身長〔cm〕のデータ，**表 1.2** は表1.1をもとに作成された度数分布表である。

表 1.1 あるクラスの身長のデータ

172	165	156	166	164	146	165
152	165	150	162	153	148	166
155	157	170	167	157	145	171
160	154	150	171	159	169	168
153	156	158	147	149	160	161
164	146	155	163	152	160	156
158	155	155	172	162	154	151
164						

表 1.2 あるクラスの身長の度数分布表

階級 以上　未満	階級値	度数
145 ～ 150	147.5	6
150 ～ 155	152.5	9
155 ～ 160	157.5	12
160 ～ 165	162.5	10
165 ～ 170	167.5	8
170 ～ 175	172.5	5
合　計	—	50

ここで，度数分布表の作成手順を紹介しておこう[†]。

(1) データの最大値 M と最小値 m を見つける。

(2) 階級の数 k を決め，$a_0 = m$, $a_k = M$ とおく。

k の値は大きすぎると全体の傾向を捉えにくく，小さすぎると部分的な特性がわからない。明確な決まりはないが，データの個数 n に応じて

n が 30 前後のときは　　$4 \leqq k \leqq 6$,

n が 50 前後のときは　　$5 \leqq k \leqq 7$,

n が 100 前後のときは　$7 \leqq k \leqq 10$,

n が 100 以上のときは　$10 \leqq k \leqq 20$

を目安に設定するとよい（この値は経験公式であるスタージェスの公式 $k = 1 + \log_2 n$ を参考に求めたものである）。

(3) a_0 から a_k の範囲を k 等分し，分点を小さい方から順に $a_1, a_2, \cdots, a_{k-1}$ とおく。

これにより，階級は $a_0 \sim a_1$, $a_1 \sim a_2$, $\cdots$, $a_{k-1} \sim a_k$ となる。各階級 $a_{i-1} \sim a_i$ $(i = 1, 2, \cdots, k)$ ごとに，a_{i-1} を級下限界，a_i を級上限界といい，これらをまとめて**級限界**という。また，$a_i - a_{i-1}$ を級間

[†] 実際に度数分布表を作成する際は必ず上記の手順に従う必要はなく，度数分布表がわかりやすくなるように，級間隔や級限界を四捨五入するなどして見やすい数値に調整するとよい（例えば表 1.1 では，$m = 145$, $M = 172$ なので，$a_0 = 145$, $a_k = 172$, $k = 6$ と決めると，級間隔は $(172 - 145)/6 = 4.5$ となるが，四捨五入して級間隔を 5 と調整している。また，それに応じて $a_k = 175$ と調整した）。

隔という†。データがどの階級に入るかを明確にするため，表 1.2 のように級限界に「以上」，「未満」をつけたり，例題 1.1 の表 1.5 のようにデータの値より 1 桁落とした級限界を用いることもある。これを**表 1.3** のように表す。

(4) 階級値を求める。

i 番目の階級 $a_{i-1} \sim a_i$ の階級値 x_i^* は

$$x_i^* = \frac{a_{i-1} + a_i}{2} \quad (i = 1, 2, \cdots, k)$$

で与えられる。

(5) 度数を求める。

各階級に属するデータの個数 f_i ($i = 1, 2, \cdots, k$) を数え上げる。

表 1.3 度数分布表

階級	階級値	度数
$a_0 \sim a_1$	x_1^*	f_1
$a_1 \sim a_2$	x_2^*	f_2
$\vdots$	$\vdots$	$\vdots$
$a_{i-1} \sim a_i$	x_i^*	f_i
$\vdots$	$\vdots$	$\vdots$
$a_{k-1} \sim a_k$	x_k^*	f_k
合　計	−	n

例題 1.1 表 1.4 はあるクラスの学生 20 人について，1 ケ月の読書時間〔時間〕を調べた結果である。これをもとに，度数分布表を作成せよ。

表 1.4　学生 20 人の 1 ケ月の読書時間のデータ

20	13	7	2	5	19	1	23	8	17
15	10	18	14	15	9	6	10	9	11

【解答】 表 1.5 のように，0.5 時間から 25.5 時間の範囲で，階級の数を 5，級間隔を 5 とする。

表 1.5　学生 20 人の 1 ケ月の読書時間の度数分布表

階級	階級値	度数
0.5〜5.5	3	3
5.5〜10.5	8	7
10.5〜15.5	13	5
15.5〜20.5	18	4
20.5〜25.5	23	1
合　計	−	20

◇

---

† 級間隔は原則として均一とするが，分布が偏って集中しているときは，均一にしない方が分布の傾向を読み取りやすくなる。例えば，ある市の就業者の年収の分布を調べる場合，1000 万円以下での級間隔は 100 万とし，1000 万円以上の級間隔は 200 万または 300 万などとすることで，より詳しい状況がわかる。

データを視覚的に捉えるためにさまざまな図表が用いられる。横軸に階級をとり，縦軸に各階級の度数を表した柱状のグラフを**ヒストグラム**という。また，i 番目の階級の階級値を x_i^* ($i = 1, 2, \cdots, k$)，度数を f_i とするとき，ヒストグラム上の点 (x_i^*, f_i) を x_i^* の小さい方から順に線分で結んで得られるグラフを**度数折れ線**という。例えば，例題 1.1 で得られた度数分布表からヒストグラム，度数折れ線を作成すると図 1.1 のようになる。

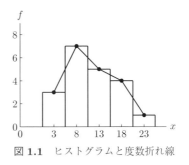

図 1.1　ヒストグラムと度数折れ線

例題 1.2　表 1.2 をもとに，ヒストグラムおよび度数折れ線を作成せよ。

【解答】　表 1.2 から作成したヒストグラム，度数折れ線は図 1.2 のようになる。

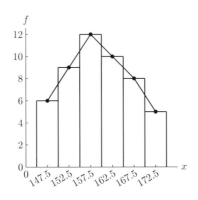

図 1.2　あるクラスの身長のヒストグラムと度数折れ線　　◇

各階級の度数を度数の合計で割った値を**相対度数**という。相対度数はその階級の全体に対する割合を表す値である。また，小さい階級値を持つ階級から順に度数を足し合わせたものを**累積度数**，相対度数を足し合わせたものを**累積相対度数**という。これらの情報を度数分布表に加えたものを，それぞれ相対度数分布表，累積度数分布表，累積相対度数分布表などという。相対度数分布表は，データの個数が異なるグループ間の比較をするときなどに用いられる。また，

累積度数分布表や累積相対度数分布表は，ある階級より階級値の低い階級にどれくらいのデータが分布しているか，全体のうちどれくらいの割合を占めているかがわかりやすい。

表 1.6 は表 1.1 をもとに作成した累積相対度数分布表である。これにより，4番目の階級（160 以上 165 未満）に属するデータが全体の 20% を占めることや，5番目の階級（165 以上 170 未満）までに属するデータが全体の 90% を占めることなどが容易にわかる。

表 1.6　あるクラスの身長の累積相対度数分布表

階級 以上　未満	階級値	度数	相対度数	累積相対度数
145 ～ 150	147.5	6	0.12	0.12
150 ～ 155	152.5	9	0.18	0.30
155 ～ 160	157.5	12	0.24	0.54
160 ～ 165	162.5	10	0.20	0.74
165 ～ 170	167.5	8	0.16	0.90
170 ～ 175	172.5	5	0.10	1.00
合　計	－	50	1.00	－

例題 1.3　表 1.7 は，あるクラスの学生 40 人の統計学の試験の得点データである。これをもとに累積度数，相対度数，累積相対度数を含めた度数分布表を作成せよ。

表 1.7　統計学の試験の得点のデータ

79	41	62	71	65	90	65	66	52	65
80	61	53	55	75	69	64	45	72	88
65	64	63	56	78	62	41	95	65	55
66	74	75	68	65	61	85	48	59	62

【解答】　40 点から 100 点の範囲で，階級の数を 6，級間隔を 10 として**表 1.8**を得る。

表 1.8　統計学の試験の得点の累積相対度数分布表

階級 以上　未満	階級値	度数	累積度数	相対度数	累積相対度数
40 〜 50	45	4	4	0.100	0.100
50 〜 60	55	6	10	0.150	0.250
60 〜 70	65	18	28	0.450	0.700
70 〜 80	75	7	35	0.175	0.875
80 〜 90	85	3	38	0.075	0.950
90 〜 100	95	2	40	0.050	1.000
合　計	−	40	−	1.000	−

◇

　定性的変数を扱う場合も，度数や相対度数を考えたり，データをグラフに表すことができる．度数や相対度数を表すには棒グラフ，全体に対する割合や内訳を示すときには円グラフや帯グラフが有効である．ここではいくつかのグラフの例を紹介しておく．扱うデータの種類によって使用するグラフを使い分けるとよいであろう．

例 1.1　(1)　あるクラスの学生の血液型に関する度数分布表（表 1.9）から作成された棒グラフ（図 1.3）および円グラフ（図 1.4）．

(2)　ある量販店の 3 店舗における 1 日の商品分類別売上実績を表す棒グラフ（図 1.5）．

(3)　ある都市における年齢別人口の割合の推移を表す帯グラフ（図 1.6）．

(4)　あるスポーツジムにおける会員数の推移を表す折れ線グラフ（図 1.7）．

表 1.9　度数分布表

血液型	度数	相対度数
A 型	20	0.40
B 型	11	0.22
O 型	14	0.28
AB 型	5	0.10
合計	50	1.00

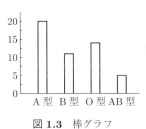

図 1.3　棒グラフ

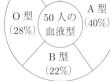

図 1.4　円グラフ

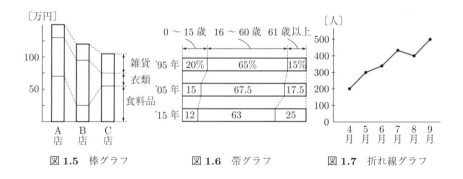

図 1.5 棒グラフ　　図 1.6 帯グラフ　　図 1.7 折れ線グラフ

演習問題 1.1

【1】体重〔kg〕を身長〔m〕の 2 乗で割った値は BMI 指数と呼ばれ，肥満度を表す指標として知られている[†]。表 1.10 のデータはある学科の 30 人の男子学生の健康診断の結果から算出した BMI 指数のデータである。

表 1.10　男子学生 30 人の BMI 指数のデータ

19.3	21.4	11.2	22.5	26.2	19.8	20.4	16.8	33.3	18.0
17.4	22.2	31.2	20.3	19.4	18.0	23.0	25.3	24.7	22.4
21.8	25.3	21.8	14.5	20.3	23.1	12.7	36.2	27.6	26.0

このデータをもとに相対度数，累積相対度数を含めた度数分布表を作成し，ヒストグラムと度数折れ線を描け。

1.3　代表値と散布度

1.3.1　代　表　値

データの分布の中心的な位置を一つの数値で表したものを**代表値**という。ここでは平均値，中央値，最頻値を紹介する。

[†] BMI 指数が 18.5 未満は痩せ型，18.5 以上 25 未満は普通，25 以上 30 未満は肥満度 1，30 以上 35 未満は肥満度 2，35 以上 40 未満は肥満度 3，40 以上は肥満度 4 と判定される。

〔1〕 平　均　値

定量的変数 x について，データの総和をデータの個数で割ったものを**平均値**といい，$\overline{x}$ で表す．すなわち，変数 x に関する n 個のデータが $x_1, x_2, \cdots, x_n$ であるとき，平均値 $\overline{x}$ を

$$\overline{x} = \frac{x_1 + x_2 + \cdots + x_n}{n} = \frac{1}{n}\sum_{i=1}^{n} x_i \tag{1.1}$$

で定める．また，n 個のデータのうち，値 x_1 が f_1 個，値 x_2 が f_2 個，$\cdots$，値 x_k が f_k 個（ただし，$f_1 + f_2 + \cdots + f_k = n$）あるときは

$$\overline{x} = \frac{x_1 f_1 + x_2 f_2 + \cdots + x_k f_k}{n} = \frac{1}{n}\sum_{i=1}^{k} x_i f_i \tag{1.2}$$

と求める．これを**加重平均**という．度数分布表（**表 1.11**）だけが与えられているときは，加重平均の考え方により，その階級に属するデータがすべて階級値と同じ値であるとみなして平均値を概算する．つまり，階級値 $x_1^*, x_2^*, \cdots, x_k^*$ に対応する度数を $f_1, f_2, \cdots, f_k$ とし，$f_1 + f_2 + \cdots + f_k = n$ とするとき，平均値 $\overline{x}$ を

表 1.11　度数分布表

階級	階級値	度数
$a_0 \sim a_1$	x_1^*	f_1
$a_1 \sim a_2$	x_2^*	f_2
$\vdots$	$\vdots$	$\vdots$
$a_{k-1} \sim a_k$	x_k^*	f_k
合　計	−	n

$$\overline{x} = \frac{x_1^* f_1 + x_2^* f_2 + \cdots + x_k^* f_k}{n} = \frac{1}{n}\sum_{i=1}^{k} x_i^* f_i \tag{1.3}$$

と定める．

例 1.2　(1)　5 人の学生の体重が 55, 63, 72, 58, 89〔kg〕であるとき，平均値は $\overline{x} = \dfrac{55 + 63 + 72 + 58 + 89}{5} = 67.4$ である。

(2)　あるクラス 40 人の身長の度数分布表が**表 1.12** で与えられるとき，この表をもとにクラスの身長の平均値を求めると

$$\overline{x} = \frac{148.5 \times 7 + 155.5 \times 14 + 162.5 \times 11 + 169.5 \times 8}{40} = 159$$

である．

(3) 数学の試験について，A組（生徒数20名）とB組（生徒数30名）の平均点がそれぞれ72点，64点であったとき，この50名の得点の総和は，A組には72点が20名，B組には64点が30名いる場合と同じなので，50名の平均点は

$$\overline{x} = \frac{72 \times 20 + 64 \times 30}{50} = 67.2$$

である。

表 1.12 40人の身長の度数分布表

階級 以上　未満	階級値	度数
145〜152	148.5	7
152〜159	155.5	14
159〜166	162.5	11
166〜173	169.5	8
合　計	−	40

〔2〕中　央　値

n個のデータを小さい順に並べて$x_1 \leqq x_2 \leqq \cdots \leqq x_n$としたとき，中央にある値のことを**中央値**または**メディアン**といい，M_eで表す。具体的には

　　nが奇数のときは　　$M_e = x_{\frac{n+1}{2}}$

　　nが偶数のときは　　$M_e = \dfrac{x_{\frac{n}{2}} + x_{\frac{n}{2}+1}}{2}$

と定める。例えば，データが

　　1, 1, 2, 3, 3, 4, 5, 6, 7, 7, 8　　ならば　　$M_e = 4$,

　　1, 2, 3, 3, 4, 5, 6, 6, 7, 8　　ならば　　$M_e = \dfrac{4+5}{2} = 4.5$

となる。

〔3〕最　頻　値

データのうち，最も多く現れる値を**最頻値**または**モード**といい，M_oで表す。例えば，ある6世帯の世帯人数を調べて得られたデータが3, 3, 4, 4, 4, 5〔人〕であったとすると，$M_o = 4$である。連続型変数の場合は同じ値をとることが少ないので，度数分布表の度数が最も大きい階級の階級値を最頻値とすることが多い。表1.12においては，$M_o = 155.5$である。最頻値はデータによっては複数存在することがあるので，その場合は代表値として適切とはいえない。また，度数分布表の場合は階級の分け方によって最頻値が変わってしまうので注意が必要である。

例題 1.4 表 1.13 はある高校の 16 人の生徒が，1 ケ月間に読んだ本の冊数のデータである．このデータをもとに，平均値，中央値，最頻値を求めよ．

表 1.13 1 ケ月間に読んだ本の冊数のデータ

3	5	2	0	3	1	6	2
2	2	3	4	0	1	4	6

【解答】 データの総和は 44 であるから，平均値は $\bar{x} = \dfrac{44}{16} = 2.75$ である．また，16 個のデータを大きさの順に並べると

$$0, 0, 1, 1, 2, 2, 2, \underset{8\text{番目}}{2}, \underset{9\text{番目}}{3}, 3, 3, 4, 4, 5, 6, 6$$

となるので，$M_e = \dfrac{2+3}{2} = 2.5$ である．また，2 冊の人が 4 人と最も多いので，$M_o = 2$ である． ◇

他のデータと比べて極端にかけ離れた値のことを**はずれ値**という．平均値ははずれ値の影響を受けやすい．例えば，あるバレーボールチームの選手 6 人の身長が 172, 174, 174, 176, 179, 205 [cm] であるとき，平均値は

$$\bar{x} = \frac{172 + 174 + 174 + 176 + 179 + 205}{6} = 180$$

となる．しかし，180 cm を超えている人は 1 人しかいないので，平均値はこのデータを代表する値といえない．このような場合は，中央値や最頻値をデータの代表値とすることが多い．実際，中央値や最頻値ははずれ値の影響を受けにくいことが知られており

$$M_e = \frac{1}{2}(174 + 176) = 175, \quad M_o = 174$$

である．平均値，中央値，最頻値を扱う際は，分布の形状に合わせて適切に使い分けることが重要である．

平均値，中央値，最頻値の大小関係は，データによってさまざまな場合があり得る．例えば，ヒストグラムの概形が図 1.8 のような山が一つで左右対称に

近い場合は,「平均値 ≒ 中央値 ≒ 最頻値」となる。また,ヒストグラムの概形が図 1.9 のように,山が一つで右の裾が長い場合は「最頻値 < 中央値 < 平均値」となり,逆に図 1.10 のように山が一つで左の裾が長い場合は「平均値 < 中央値 < 最頻値」となる。

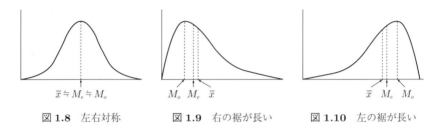

図 1.8　左右対称　　　図 1.9　右の裾が長い　　　図 1.10　左の裾が長い

演習問題 1.2

【1】 つぎの問に答えよ。

(1) 表 1.14 はあるクラスの男子 20 人の体重〔kg〕のデータである。この表をもとに,体重の平均値,中央値を求めよ。

(2) 表 1.15 は表 1.14 から作成された度数分布表である。この度数分布表をもとに,体重の平均値,最頻値を求めよ。

表 1.14　体重のデータ

72	65	56	66	64
71	80	75	85	89
59	69	68	65	70
58	50	62	67	77

表 1.15　体重の度数分布表

階級 以上　未満	階級値	度数
50 〜 58	54	2
58 〜 66	62	6
66 〜 74	70	7
74 〜 82	78	3
82 〜 90	86	2
合計	−	20

1.3.2　散布度

データの分布のばらつきの度合いを数値で表したものを **散布度** という。ここでは,分散,標準偏差,範囲,四分位範囲を紹介する。

〔1〕 **分散・標準偏差**

n 個のデータを $x_1, x_2, \cdots, x_n$,その平均値を $\bar{x}$ とするとき,各データ x_i と

$\overline{x}$ との差 $x_i - \overline{x}$ $(i = 1, 2, \cdots, n)$ を**偏差**という。また，偏差の 2 乗和をデータの個数 n で割ったものを**分散**といい，s^2 で表す。すなわち，分散 s^2 を

$$s^2 = \frac{(x_1 - \overline{x})^2 + (x_2 - \overline{x})^2 + \cdots + (x_n - \overline{x})^2}{n} = \frac{1}{n} \sum_{i=1}^{n} (x_i - \overline{x})^2 \quad (1.4)$$

と定める。式 (1.4) からわかるように，データが平均値 $\overline{x}$ の周りに密集していると s^2 の値は小さくなり，データのばらつきが大きいと s^2 の値は大きくなる。分散は計算過程で数値を 2 乗するため，分散の単位はもとの変数の単位を 2 乗したものとなる。そこで，もとのデータと単位を合わせるために分散の 0 以上の平方根 $\sqrt{s^2}$ を考えることも多い。この $\sqrt{s^2}$ を**標準偏差**といい，s で表す。

例題 1.5 つぎの**表 1.16**，**表 1.17** は野球チーム A と B のレギュラーメンバーの年齢のデータである。

表 1.16 チーム A のレギュラーの年齢

| 24 | 24 | 25 | 26 | 27 | 28 | 29 | 29 | 31 |

表 1.17 チーム B のレギュラーの年齢

| 18 | 19 | 19 | 20 | 23 | 28 | 35 | 38 | 43 |

(1) チーム A のレギュラーの年齢の平均値，分散，標準偏差を求めよ。
(2) チーム B のレギュラーの年齢の平均値，分散，標準偏差を求めよ。

【**解答**】 (1) チーム A の年齢 x〔歳〕について，平均値 $\overline{x}$ は

$$\overline{x} = \frac{24 + 24 + 25 + 26 + 27 + 28 + 29 + 29 + 31}{9}$$
$$= \frac{243}{9} = 27$$

であり，各 $(x_i - \overline{x})^2$ の値は**表 1.18** のようになる。よって

分散は $s_x^2 = \dfrac{48}{9} \fallingdotseq 5.33$，

標準偏差は $s_x = \sqrt{\dfrac{48}{9}} \fallingdotseq 2.3$

である。

表 1.18 チーム A

x_i	$(x_i - \overline{x})^2$
24	9
24	9
25	4
26	1
27	0
28	1
29	4
29	4
31	16
計	48

(2) チーム B の年齢 y〔歳〕について，平均値 $\bar{y} = 27$ であり，各 $(y_i - \bar{y})^2$ の値は**表 1.19** のようになる。よって

分散は $s_y^2 = \dfrac{716}{9} \fallingdotseq 79.56$

標準偏差は $s_y = \sqrt{\dfrac{716}{9}} \fallingdotseq 8.9$

である。

注意：分散から標準偏差を求めるときは，計算誤差を小さくするため，$s_y = \sqrt{79.56}$ とするのではなく，偏差の 2 乗和 716 を用いる方が望ましい（付録 A.2 も参照せよ）。 ◇

表 1.19 チーム B

y_i	$(y_i - \bar{y})^2$
18	81
19	64
19	64
20	49
23	16
28	1
35	64
38	121
43	256
計	716

分散はつぎのように変形することもできる。

$$\begin{aligned}
s^2 &= \frac{1}{n}\sum_{i=1}^{n}(x_i - \bar{x})^2 = \frac{1}{n}\sum_{i=1}^{n}(x_i^2 - 2\bar{x}x_i + \bar{x}^2) \\
&= \frac{1}{n}\left(\sum_{i=1}^{n}x_i^2 - 2\bar{x}\sum_{i=1}^{n}x_i + n\bar{x}^2\right) \\
&= \frac{1}{n}\sum_{i=1}^{n}x_i^2 - \bar{x}^2 \quad (1.5)
\end{aligned}$$

分散を求める際は，式 (1.4) と式 (1.5) を適宜使い分けるとよいであろう。ただし，$\bar{x}$ が割り切れない数のときに式 (1.5) を用いる場合は，$\bar{x}$ の有効数字を多めにとっておかないと計算誤差が大きくなってしまうので注意が必要である。

また，**表 1.20** のような度数分布表だけが与えられているときは分散をつぎのように定める。

$$s^2 = \frac{1}{n}\sum_{i=1}^{k}(x_i^* - \bar{x})^2 f_i \quad (1.6)$$

$$= \frac{1}{n}\sum_{i=1}^{k}(x_i^*)^2 f_i - \bar{x}^2 \quad (1.7)$$

表 1.20 度数分布表

階級値	度数
x_1^*	f_1
x_2^*	f_2
⋮	⋮
x_k^*	f_k
計	n

例題 1.6 以下の**表 1.21** はあるクラスの学生 40 人の 50 点満点の数学のテストの結果である。**表 1.22** の階級で度数分布表を作成し，度数分布表

から平均値，分散，標準偏差を求めよ。

表 1.21　数学のテストの得点

20	35	37	40	25	41	31	35	34	39
29	49	38	23	40	38	36	33	47	37
35	42	35	37	27	40	45	24	31	32
30	27	41	31	34	43	43	49	38	21

表 1.22　階級

点数 以上　未満
20～25
25～30
30～35
35～40
40～45
45～50

【解答】 度数分布表は表 1.23 のようになる。

表 1.23

点数 以上　未満	階級値 x_i^*	度数 f_i	$x_i^* f_i$	$x_i^* - \bar{x}$	$(x_i^* - \bar{x})^2$	$(x_i^* - \bar{x})^2 f_i$
20～25	22.5	4	90	−13.5	182.25	729
25～30	27.5	4	110	−8.5	72.25	289
30～35	32.5	8	260	−3.5	12.25	98
35～40	37.5	12	450	1.5	2.25	27
40～45	42.5	8	340	6.5	42.25	338
45～50	47.5	4	190	11.5	132.25	529
合計	−	40	1440	−	−	2010

これより　平均値
$$\bar{x} = \frac{1}{40} \sum_{i=1}^{6} x_i^* f_i = \frac{1440}{40} = 36,$$

分散
$$s^2 = \frac{1}{40} \sum_{i=1}^{6} (x_i^* - \bar{x})^2 f_i = \frac{2010}{40} = 50.25,$$

標準偏差
$$s = \sqrt{\frac{2010}{40}} \fallingdotseq 7.1$$

◇

〔2〕 範　　囲

データの最大値から最小値を引いた値を**範囲**または**レンジ**という。

範囲 $R = $ 最大値 − 最小値 　　　　　　　　　　　(1.8)

例えば，マラソンコースの高低差や日中の気温差などは範囲である。

〔3〕 四分位範囲

範囲は捉えやすい量であるが，はずれ値の影響を受けやすいなど散布度としては適切でない場合も多い．そこで，データを大きさの順に4等分し，中央にある50%のデータで考える場合がある．データを大きさの順に並べたとき，4等分する位置にある値を小さい方から順に**第1四分位数**，**第2四分位数**，**第3四分位数**といい，それぞれ Q_1, Q_2, Q_3 で表す．このとき，$Q_3 - Q_1$ を**四分位範囲**という．

$$\text{四分位範囲} = Q_3 - Q_1 \tag{1.9}$$

四分位範囲は中央値を中心とする5割のデータが散らばっている範囲を示しているので，はずれ値の影響は少ない．四分位数は以下の手順で求める．

(i) 第2四分位数 Q_2 はデータの中央値と等しい．

(ii) 大きさの順に並べられた n 個のデータを，Q_2 を境に二つの部分に分ける．もし n が奇数ならば中央にある値はどちらの部分にも含めないものとする．

(iii) 分けられた二つの部分のうち，最小値を含む部分の中央値が第1四分位数 Q_1，最大値を含む部分の中央値が第3四分位数 Q_3 である．

例題 1.7 つぎのデータはA組18人とB組17人の計35人の学生に10点満点のテストを行った結果を得点の低い方から順に並べたものである．

A組：1, 2, 3, 3, 4, 4, 4, 5, 5, 6, 6, 6, 6, 7, 8, 9, 9, 10

B組：1, 1, 2, 3, 3, 3, 4, 5, 5, 5, 6, 7, 7, 7, 8, 9, 10

(1) A組，B組のデータについて，それぞれの第1四分位数，第2四分位数，第3四分位数および四分位範囲を求めよ．

(2) どちらのデータの方がばらつきが大きいといえるか．

【解答】 (1) A組のデータを小さい方から順に $x_1, x_2, \cdots, x_{18}$ とおくと

$$Q_1 = x_5 = 4, \quad Q_2 = \frac{x_9 + x_{10}}{2} = \frac{5+6}{2} = 5.5, \quad Q_3 = x_{14} = 7$$

である．よって，四分位範囲は $Q_3 - Q_1 = 3$ となる．

また，B 組のデータを小さい方から順に $y_1, y_2, \cdots, y_{17}$ とおくと

$$Q_1 = \frac{y_4 + y_5}{2} = \frac{3+3}{2} = 3, \quad Q_2 = y_9 = 5, \quad Q_3 = \frac{y_{13} + y_{14}}{2} = \frac{7+7}{2} = 7$$

である。よって，四分位範囲は $Q_3 - Q_1 = 4$ となる。

(2) B 組の四分位範囲の方が大きいので，B 組の方がばらつきが大きいといえる。

演習問題 1.3

【1】 3 個のデータ $10, 10, 11$ の平均値は $\overline{x} = 31/3 = 10.3333\cdots$ である。いま，平均値 $\overline{x}$ を丸めて，$\overline{x}_1 = 10$, $\overline{x}_2 = 10.3$, $\overline{x}_3 = 10.33$ とするとき，それぞれについて，式 (1.4) を用いて，小数第 3 位を四捨五入し，小数第 2 位で表示した分散を求め，その精度を比較せよ。

【2】 表 1.24，表 1.25 は A 病院と B 病院の 1 週間の外来患者数のデータである。

表 1.24 A 病院の外来患者数のデータ

月	火	水	木	金	土
255	188	152	163	132	202

表 1.25 B 病院の外来患者数のデータ

月	火	水	木	金	土
225	190	177	140	188	142

(1) A 病院の 1 日当りの外来患者数の平均値 $\overline{x}_A$ と分散 s_A^2 および B 病院の 1 日当りの外来患者数の平均値 $\overline{x}_B$ と分散 s_B^2 を求めよ。

(2) どちらの病院が，曜日による外来患者数のばらつきが大きいといえるか。

【3】 表 1.26 は A 町と B 町のある年の月別の雨の日数を表したものである。この表を用いて，以下の問に答えよ。

表 1.26 A 町と B 町の月別の雨の日数のデータ

月	1	2	3	4	5	6	7	8	9	10	11	12
A 町	7	10	10	23	15	9	9	8	9	12	11	15
B 町	8	8	7	8	8	8	12	15	19	18	18	20

(1) A 町，B 町の月別の雨の日数のデータの範囲を求めよ。

(2) A 町，B 町それぞれのデータの第 1 四分位数，第 2 四分位数，第 3 四分位数および四分位範囲を求めよ。

(3) どちらのデータの方がばらつきが大きいといえるか。

1.4 2次元データ

1.4.1 相関係数

前節までは「試験の得点」,「身長」,「体重」のような一つの変数 x に関するデータの扱い方を学んだ．本節では「身長と体重」,「数学の得点と英語の得点」,のような二つの変数 x と y のデータが与えられたとき，その2変数間の関係を分析する方法を学ぶ．二つの変数のデータを対にして考えるとき，そのデータを **2次元データ** といい，二つの変数の相互関係のことを **相関** という．

二つの変数 x, y について，n 組の2次元データ

$$(x_1, y_1), (x_2, y_2), \cdots, (x_n, y_n)$$

が与えられたとき，これらのデータを xy 平面上の n 個の座標と見てプロットした図を **相関図** または **散布図** という．

例 1.3 つぎの**表 1.27** は 10 人の学生の数学と英語の試験の得点である．

表 1.27 10 人の学生の試験の得点

学生	1	2	3	4	5	6	7	8	9	10
数学	80	88	44	42	80	76	31	54	25	63
英語	52	92	54	26	74	80	35	56	26	84

数学の得点を x，英語の得点を y とし，x と y に関する 10 組の 2 次元データ

$(80, 52), (88, 92), (44, 54), (42, 26),$
$(80, 74), (76, 80), (31, 35), (54, 56),$
$(25, 26), (63, 84)$

が与えられていると考えると，相関図は図 **1.11** のようになる．

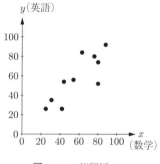

図 **1.11** 相関図

相関の代表的な例として，つぎの三つが挙げられる．

(1) 一方の変数が増加するにつれ，もう一方の変数も増加する傾向がある場合．このとき，二つの変数には**正の相関**があるという．

(2) 一方の変数が増加するにつれ，もう一方の変数は減少する傾向がある場合．このとき，二つの変数には**負の相関**があるという．

(3) 相関図上の点が一様に広がっていて，特に何の傾向も見られない場合．このとき，二つの変数は**無相関**であるという．

二つの変数 x と y に正の相関があるときは，図 **1.12**(a), (b) のように相関図上の点は右上がりに分布する傾向があり，負の相関があるときは図 (d), (e) のように相関図上の点は右下がりに分布する傾向がある．図 (c) は点が一様に広がっており無相関である．

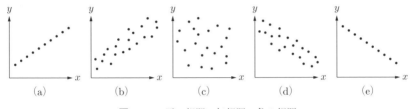

図 **1.12** 正の相関，無相関，負の相関

また，データの分布が直線に近いほど，より強い相関を表すという．図 (a) と図 (b) では図 (a) の方が強い正の相関であり，図 (d) と図 (e) では図 (e) の方が強い負の相関である．さらに，図 (a), (e) のように正や負の相関が強く，完全に一直線になっているときはそれぞれ**正の完全相関**，**負の完全相関**という．

つぎに，二つの変数の相関の強さを数値で表すことを考えよう．二つの変数 x, y について，n 組の 2 次元データ $(x_1, y_1), (x_2, y_2), \cdots, (x_n, y_n)$ が与えられているとし，$x_1, x_2, \cdots, x_n$ および $y_1, y_2, \cdots, y_n$ の平均値をそれぞれ $\overline{x}, \overline{y}$ とする．このとき，それぞれの偏差の積和

$$(x_1 - \overline{x})(y_1 - \overline{y}) + (x_2 - \overline{x})(y_2 - \overline{y}) + \cdots + (x_n - \overline{x})(y_n - \overline{y})$$

をデータの個数 n で割ったものを**共分散**といい，s_{xy} で表す．すなわち

$$s_{xy} = \frac{(x_1-\overline{x})(y_1-\overline{y})+(x_2-\overline{x})(y_2-\overline{y})+\cdots+(x_n-\overline{x})(y_n-\overline{y})}{n}$$
$$= \frac{1}{n}\sum_{i=1}^{n}(x_i-\overline{x})(y_i-\overline{y}) \tag{1.10}$$

と定義する．ここで，共分散の意味を考えてみよう．与えられた2次元データの相関図上に座標 $(\overline{x},\overline{y})$ をとり，この点を原点とする $x'y'$ 平面を考える．このとき，n 組のデータは点 $(\overline{x},\overline{y})$ を中心に分布しており，二つの変数に正の相関があるときは $x'y'$ 平面の第1象限と第3象限に，負の相関があるときは $x'y'$ 平面の第2象限と第4象限に多く分布する．また，x の偏差 $x_i-\overline{x}$ と y の偏差 $y_i-\overline{y}$ の符号は，各象限ごとに図 **1.13** に示されるようになる．

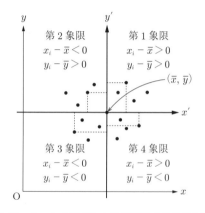

図 **1.13** $(\overline{x},\overline{y})$ を原点とする座標系での偏差の符号

したがって，二つの偏差の積 $(x_i-\overline{x})(y_i-\overline{y})$ については

(x_i,y_i) が第1または第3象限にあるとき $(x_i-\overline{x})(y_i-\overline{y})>0$,

(x_i,y_i) が第2または第4象限にあるとき $(x_i-\overline{x})(y_i-\overline{y})<0$

が成り立つ．共分散は偏差の積和を n で割ったものであったから，正の相関があるときは正の偏差の積が多いことにより共分散も正の値となる．逆に，負の相関があるときは負の偏差の積が多いことにより共分散も負の値となることがわかる．しかし，共分散 s_{xy} の値はデータの単位のとり方に依存するので，相関の強さの判定には不向きである．そこで，データの単位と無関係にするため

に共分散 s_{xy} を x の標準偏差 s_x と y の標準偏差 s_y で割った値を考える。この値を**相関係数**といい，r で表す。つまり

$$r = \frac{s_{xy}}{s_x s_y} = \frac{\sum_{i=1}^{n}(x_i - \overline{x})(y_i - \overline{y})}{\sqrt{\sum_{i=1}^{n}(x_i - \overline{x})^2}\sqrt{\sum_{i=1}^{n}(y_i - \overline{y})^2}} \tag{1.11}$$

と定める。相関係数 r にはつぎの性質がある。

(1) 相関係数はデータの単位に依存せず，$-1 \leqq r \leqq 1$ である。

(2) r の値が 1 に近いほど正の相関が強く，相関図上の点は右上がりに分布する傾向が強い。特に $r = 1$ のときは正の完全相関となる。

(3) r の値が -1 に近いほど負の相関が強く，相関図上の点は右下がりに分布する傾向が強い。特に $r = -1$ のときは負の完全相関となる。

(4) 相関図上の点が $(\overline{x}, \overline{y})$ を中心に一様にばらついているとき（無相関），r の値は 0 に近い。

注意：$r \fallingdotseq 0$ でも相関がないとは限らない。例えば図 **1.14** のように，各データが U 字型に分布しているとき，相関係数は 0 に近い値をとる。このように，データの分布が直線的でない場合，相関係数の値に注目するだけでは傾向を見落とす可能性があるので注意が必要である。

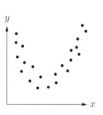

図 **1.14** U 字分布

例題 1.8 5 人の学生に国語と数学の 10 点満点の小テストを行ったところ，表 **1.28** の結果を得た。

表 **1.28** 国語と数学の得点

学生番号	1	2	3	4	5
国語	4	3	9	2	5
数学	7	8	1	3	3

国語の得点 x 点と数学の得点 y 点の共分散 s_{xy} および相関係数 r を求めよ。

【解答】 x, y のデータの平均値は $\overline{x} = \dfrac{23}{5} = 4.6$, $\overline{y} = \dfrac{22}{5} = 4.4$ である。

表 1.29

番号	x_i	y_i	$x_i - \overline{x}$	$(x_i - \overline{x})^2$	$y_i - \overline{y}$	$(y_i - \overline{y})^2$	$(x_i - \overline{x})(y_i - \overline{y})$
1	4	7	−0.6	0.36	2.6	6.76	−1.56
2	3	8	−1.6	2.56	3.6	12.96	−5.76
3	9	1	4.4	19.36	−3.4	11.56	−14.96
4	2	3	−2.6	6.76	−1.4	1.96	3.64
5	5	3	0.4	0.16	−1.4	1.96	−0.56
合計	23	22	−	29.20	−	35.20	−19.20

表 1.29 より　共分散　$s_{xy} = \dfrac{-19.20}{5} = -3.84$

相関係数　$r = \dfrac{-19.20}{\sqrt{29.20}\sqrt{35.20}} = -\dfrac{19.2}{\sqrt{1027.84}} \fallingdotseq -0.599$

である。　◇

演習問題 1.4

【1】表 1.30 のデータについて，x と y の相関係数 r を求めよ。

表 1.30　x と y のデータ

x	22	27	40	32	20
y	27	28	37	36	24

1.4.2　回帰直線

ここでは，相関図上にプロットされた二つの変数 x と y の 2 次元データが直線的に分布している場合に，それを適当な 1 次関数を用いて $y = ax + b$ と表現し，変数 y を変数 x で説明したり予測する方法を学ぶ。例えば，各世帯の食糧費の支出 y を世帯収入 x で説明したり，身長 y を足のサイズ x から予測することなどを考える。一般に，2 変数 x, y について，x の値が y の値を左右する関係にあるとき，x を**説明変数**または**原因変数**といい，y を**目的変数**または**結果変数**という。

二つの変数 x, y について，n 組の 2 次元データ $(x_1, y_1), (x_2, y_2), \cdots, (x_n, y_n)$ が与えられており，x と y の間に $y = ax + b$ という直線関係があることを想定

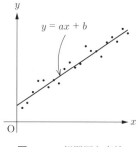
図 1.15 相関図と直線

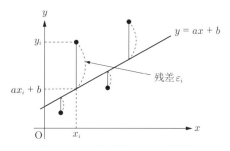
図 1.16 直線式とデータの残差

する（図 1.15）。通常，2 次元データ (x_i, y_i) $(i = 1, 2, \cdots, n)$ がすべて直線上にあることはまれなケースなので，実際は $x = x_i$ について直線式から推測される y の値 $ax_i + b$ と値 y_i には $\varepsilon_i = y_i - (ax_i + b)$ だけずれが生じる。このずれを**残差**という（図 1.16）。残差をできるだけ小さくするような a と b を求めることが望ましい。そこで，残差の 2 乗和 $\sum_{i=1}^{n} \varepsilon_i^2$ が最小となるように a と b を決定する。このような a と b の決定方法を**最小二乗法**といい，これを満たす a, b は式 (1.12) で与えられる†。

回帰係数

二つの変数 x, y に関する n 組の 2 次元データ $(x_1, y_1), (x_2, y_2), \cdots (x_n, y_n)$ について，$\sum_{i=1}^{n} \{y_i - (ax_i + b)\}^2$ を最小にする a, b は

$$a = \frac{s_{xy}}{s_x^2} = \frac{\sum_{i=1}^{n}(x_i - \overline{x})(y_i - \overline{y})}{\sum_{i=1}^{n}(x_i - \overline{x})^2}, \quad b = \overline{y} - a\overline{x} \quad (1.12)$$

で与えられる。ただし s_x^2 は x の分散，s_{xy} は x と y の共分散，$\overline{x}$ は x の平均値，$\overline{y}$ は y の平均値を表す。

式 (1.12) の a, b による直線 $y = ax + b$ を**回帰直線**といい，a と b を回帰係

---
† 証明には 2 変数関数の微分積分学の知識が必要である。

数という.つまり,回帰直線とは点 $(\overline{x}, \overline{y})$ を通り,傾きが $\dfrac{s_{xy}}{s_x^2}$ の直線

$$y - \overline{y} = \frac{s_{xy}}{s_x^2}(x - \overline{x}) \tag{1.13}$$

のことである.

例題 1.9 表 1.31 のデータは A から F の 6 人の学生に対し,ある科目の中間試験と期末試験の得点を調べた結果である.

表 1.31 中間試験と期末試験の結果

学生	A	B	C	D	E	F
中間試験	23	39	37	26	47	20
期末試験	20	35	36	24	41	24

中間試験の得点を x〔点〕,期末試験の得点を y〔点〕とするとき,x と y の相関係数 r および回帰直線を求めよ.

【解答】 x, y のデータの平均値は $\overline{x} = \dfrac{192}{6} = 32$, $\overline{y} = \dfrac{180}{6} = 30$ である.

表 1.32

名前	x_i	y_i	$x_i - \overline{x}$	$(x_i - \overline{x})^2$	$y_i - \overline{y}$	$(y_i - \overline{y})^2$	$(x_i - \overline{x})(y_i - \overline{y})$
A	23	20	-9	81	-10	100	90
B	39	35	7	49	5	25	35
C	37	36	5	25	6	36	30
D	26	24	-6	36	-6	36	36
E	47	41	15	225	11	121	165
F	20	24	-12	144	-6	36	72
合計	192	180	—	560	—	354	428

表 1.32 より,相関係数は

$$r = \frac{428}{\sqrt{560}\sqrt{354}} = \frac{428}{\sqrt{198240}} \fallingdotseq 0.961$$

となる.一方

$$a = \frac{428}{560} \fallingdotseq 0.764, \quad b = 30 - \frac{428}{560} \times 32 \fallingdotseq 5.543$$

なので,求める回帰直線は $y = 0.764\,x + 5.543$ である. ◇

演習問題 1.5

【1】 表 1.33 のデータは，ある金属を製造する際に加える添加物の量 x と，そのときの金属の強度 y の関係を示している．この表をもとに回帰係数と回帰直線を求め，データと回帰直線を図示せよ．

表 1.33 添加物の量と強度のデータ

x	1	2	3	4	5	6	7	8
y	10	12	11	12	14	14	15	14

【2】 表 1.34 のデータはあるビアガーデンで，7 月のある曜日の 5 日間の最高気温 x〔℃〕とビールの注文数 y〔杯〕を調べた結果である．

表 1.34 最高気温とビールの注文数のデータ

最高気温 x	24	29	26	30	35
ビールの注文数 y	320	360	310	400	450

(1) この表をもとに回帰直線を求めよ．

(2) 同じ時期のある日の最高気温が 37℃ であるとき，この日のビールの注文数を回帰直線を用いて予測せよ．

2 確率

　確率論は，17世紀のフランスでサイコロの賭け事についての数学的な考察から始まり，物理学や天文学といったさまざまな学問で応用されながら，これまで発展してきた。現代では，天気予報における降水確率など，日々の生活の中で「確率」という言葉を聞かない日はほとんどないであろう。統計学においても，確率は行動を決定する基準としてなくてはならないものである。本章では，まず集合と順列・組合せについて学び，その後に確率論の基礎を学ぶ。

2.1 集合

　構成しているものがはっきりとしたものの集まりを**集合**といい，集合を構成する個々のものを集合の**要素**または**元**という。有限個の要素からなる集合を**有限集合**といい，無限に多くの要素からなる集合を**無限集合**という。集合 A が n 個の要素 $a_1, a_2, \cdots, a_n$ からなるとき，集合 A を

$$A = \{a_1, a_2, \cdots, a_n\} \tag{2.1}$$

のように要素を書き並べて表す。また，要素を持たない集合を**空集合**といい，$\emptyset$ または $\{\ \}$ という記号で表す。

例 2.1 A を 5 個の文字 a, b, c, d, e からなる集合とし，B を 1 以上 10 以下の整数全体の集合とする。このとき，これらの集合は

$$A = \{\text{a, b, c, d, e}\}, \qquad B = \{1, 2, 3, 4, 5, 6, 7, 8, 9, 10\}$$

と表される。

集合 A のすべての要素が集合 B の要素であるとき，A を B の**部分集合**といい，$A \subset B$ または $B \supset A$ と表す。このとき，A は B に含まれる，B は A を含むなどという。**図 2.1** は，A が B の部分集合であることを視覚的に図式化したものである。このような図を**ベン図**という。

図 2.1 部分集合

二つの集合 A, B の少なくとも一方に属する要素全体の集合を A と B の**和集合**といい，$A \cup B$ で表す。また，二つの集合 A, B の両方に属する要素全体の集合を A と B の**共通部分**といい，$A \cap B$ で表す。和集合と共通部分をベン図で表すと，**図 2.2** のようになる。

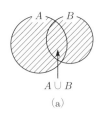

図 2.2 和集合と共通部分 　　　　図 2.3 補集合

あらかじめ一つの集合 U を定めて，U の部分集合について考えるとき，U を**全体集合**という。全体集合 U の部分集合 A に対して，U の要素で A に属さないもの全体の集合を A の**補集合**といい，$\overline{A}$ で表す。補集合をベン図で表すと，**図 2.3** のようになる。

例題 2.1 12 以下の正の整数全体の集合 U を全体集合とする。U の要素のうち，2 の倍数全体の集合を A，3 の倍数全体の集合を B とする。

(1) 集合 A, B を，要素を書き並べる方法で表せ。

(2) 集合 $A \cup B$，$A \cap B$，$\overline{A}$ を，要素を書き並べる方法で表せ。

【解答】 (1) 全体集合は $U = \{1, 2, 3, 4, 5, 6, 7, 8, 9, 10, 11, 12\}$ であるから

$$A = \{2,4,6,8,10,12\}, \quad B = \{3,6,9,12\}$$

となる。

(2) (1) より

$$A \cup B = \{2,3,4,6,8,9,10,12\},$$
$$A \cap B = \{6,12\},$$
$$\overline{A} = \{1,3,5,7,9,11\}$$

となる（図 **2.4**）。

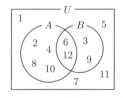

図 **2.4** 2 の倍数と 3 の倍数

2.2 順列と組合せ

2.2.1 順　　　列

いくつかのものを順序を考えに入れて 1 列に並べたものを**順列**という。n 個の異なるものの中から異なる r 個を取り出して並べた順列を，n 個のものから r 個取った順列といい，その総数を $_n\mathrm{P}_r$ で表す。ここで，$r = 0$ の場合は $_n\mathrm{P}_0 = 1$ と定めておく。

例として，3 個の文字 a, b, c から 2 個取った順列の総数 $_3\mathrm{P}_2$ を考えてみよう。図 **2.5** のように，1 番目の文字の選び方は a, b, c の 3 通りであり，2 番目の文字の選び方は 1 番目の文字を除く 2 通りである。よって，順列の総数は $_3\mathrm{P}_2 = 3 \cdot 2 = 6$ であり，すべて列挙すると ab, ac, ba, bc, ca, cb となる。

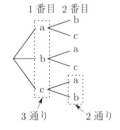

図 **2.5** 順列の総数

n 個のものから r 個取った順列 $_n\mathrm{P}_r$ についても同様に考えると，1 番目のものの選び方は n 通り，2 番目のものの選び方は 1 番目のものを除く $n-1$ 通り，3 番目のものの選び方は 1 番目と 2 番目のものを除く $n-2$ 通りである。以下同様に考えると，r 番目に並べるものの選び方は $n-(r-1) = n-r+1$ 通りである。したがって，n 個のものから r 個取った順列の総数は

$$_n\mathrm{P}_r = n(n-1)(n-2)\cdots(n-r+1) \tag{2.2}$$

となる。特に $r=n$ の場合は，$_n\mathrm{P}_n = n(n-1)(n-2)\cdots 3\cdot 2\cdot 1$ となる。これは n 個の異なるものをすべて並べる順列の総数である。この右辺の 1 から n までの整数の積を n の**階乗**といい，$n!$ で表す。すなわち

$$n! = n(n-1)(n-2)\cdots 3\cdot 2\cdot 1 \tag{2.3}$$

とする。ここで，$n=0$ の場合は $0!=1$ と定めておく。

例題 2.2 5 個の数字 1, 2, 3, 4, 5 を使ってできる 3 桁の整数は全部で何個あるかを求めよ。ただし，同じ数字は 2 度以上使わないものとする。

【解答】 求める 3 桁の整数の個数は，5 個の数字から 3 個取った順列の総数とみなせるから，全部で $_5\mathrm{P}_3 = 5\cdot 4\cdot 3 = 60$ 個ある。　　　　◇

演習問題 2.1
【1】 つぎの問に答えよ。
(1) A さんはネクタイを 7 本持っており，毎朝その日に締めるネクタイを 1 本選ぶ。月曜日から金曜日までの 5 日間，毎日違うネクタイを締める場合，ネクタイの選び方は何通りあるか。
(2) 7 個の数字 0, 1, 2, 3, 4, 5, 6 を使ってできる 7 桁の整数で，両端の数字が奇数であるものは何通りあるか。ただし，同じ数字は 2 度以上使わないとする。

2.2.2 組合せ
n 個の異なるものの中から異なる r 個を取り出して順序を考えずに組にしたものを n 個のものから r 個取った**組合せ**といい，その総数を $_n\mathrm{C}_r$ または $\binom{n}{r}$ で表す。ここで，$r=0$ の場合は $_n\mathrm{C}_0 = 1$ と定めておく。

例として，5 個の文字 a, b, c, d, e から 3 個取った組合せをすべて列挙すると

$\{a,b,c\}$, $\{a,b,d\}$, $\{a,b,e\}$, $\{a,c,d\}$, $\{a,c,e\}$,

$\{a,d,e\}$, $\{b,c,d\}$, $\{b,c,e\}$, $\{b,d,e\}$, $\{c,d,e\}$

となり，${}_5C_3 = 10$ であることがわかる．これを順列を利用して求めてみよう．5 個の文字 a, b, c, d, e から 3 個取った組合せの一つ，例えば $\{a,b,c\}$ について，その 3 個の文字 a, b, c をすべて並べると 3! 通りの順列

abc,   acb,   bac,   bca,   cab,   cba

が得られる．これは他の組合せについても同様であり，${}_5C_3$ 通りの組合せのそれぞれから 3! 通りの順列が得られるので，全部で ${}_5C_3 \times 3!$ 通りの順列が得られる．この順列の総数は 5 個の文字 a, b, c, d, e から 3 個取った順列の総数 ${}_5P_3$ と一致するから，${}_5P_3 = {}_5C_3 \times 3!$ が成立する．よって

$$ {}_5C_3 = \frac{{}_5P_3}{3!} = \frac{5 \cdot 4 \cdot 3}{3 \cdot 2 \cdot 1} = 10 $$

となることがわかる．

n 個のものから r 個取った組合せの総数 ${}_nC_r$ についても同様に考えると，${}_nP_r = {}_nC_r \times r!$ が成立するから

$$ {}_nC_r = \frac{{}_nP_r}{r!} = \frac{n(n-1)(n-2)\cdots(n-r+1)}{r!} \tag{2.4} $$

となる．また，異なる n 個のものから異なる r 個を取り出すとき，取り出す r 個を選ぶことは，取り出さない $n-r$ 個を選ぶことと同じであるから

$$ {}_nC_r = {}_nC_{n-r} \tag{2.5} $$

が成り立つ．

例題 2.3 10 色ある絵の具から 4 色選ぶとき，その選び方の総数を求めよ．

【解答】 10 色の絵の具から 4 色取った組合せであるから，その総数は

$$ {}_{10}C_4 = \frac{10 \cdot 9 \cdot 8 \cdot 7}{4 \cdot 3 \cdot 2 \cdot 1} = 210 $$

となる。

5個の文字 a, a, a, b, b をすべて並べてできる順列の総数を考えてみよう。このような順列は，図 2.6 のように列の 1 番目から 5 番目までの 5 個の場所から 3 個の場所を選んで a を置き，残りの 2 個の場所に b を置くことでつくることができる。よって，求める順列の総数は，5 個の場所から 3 個の場所を選ぶときの選び方の総数と一致し，$_5C_3 = 10$ となる。このように，ものを置く場所を選ぶと考えることで，同じものを含む順列の総数を計算することができる。

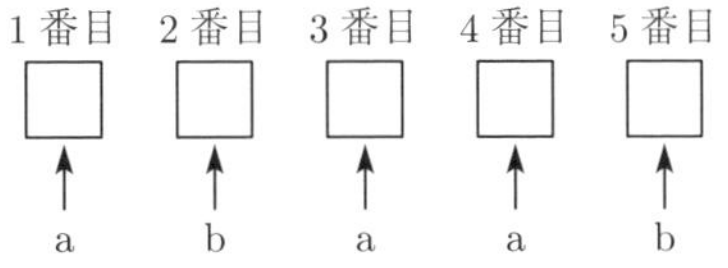

図 2.6　同じものを含む順列の考え方

例題 2.4　つぎの 6 個の数字をすべて並べてできる 6 桁の整数は全部で何個あるかを求めよ。

(1)　1, 1, 1, 1, 2, 2　　　　(2)　1, 1, 1, 2, 2, 3

【解答】　十万の位から一の位までの 6 個の位のそれぞれに数字を置いて 6 桁の整数をつくると考える（図 2.7）。

図 2.7　6 桁の整数

(1)　6 個の位から 4 個の 1 を置く位を選ぶと，その選び方は $_6C_4$ 通りである。残りの 2 個の位に 2 を置くと問題文の 6 桁の整数となるから，求める個数は $_6C_4 = 15$ である。

(2)　6 個の位から 3 個の 1 を置く位を選ぶと，その選び方は $_6C_3$ 通りである。残りの 3 個の位から 2 個の 2 を置く位を選ぶと，その選び方は $_3C_2$ 通りである。最後の 1 個の位に 3 を置くと問題文の 6 桁の整数となるから，求める個数は $_6C_3 \times _3C_2 = 20 \times 3 = 60$ である。　◇

演習問題 2.2

【1】　男子 8 人，女子 4 人の中から 5 人を選ぶ。

(1)　5 人とも男子である選び方は何通りあるか。

(2)　5 人のうち，男子が 3 人，女子が 2 人である選び方は何通りあるか。

(3) 女子を少なくとも1人選ぶ選び方は何通りあるか。

【2】 白球4個, 赤球3個, 青球2個, 黄球1個を1列に並べる並べ方は何通りあるか。ただし, 同じ色の球は区別しないとする。

2.3 事象と確率

2.3.1 試行と事象

1個のサイコロを投げるとき, 1, 2, 3, 4, 5, 6のどの目が出るかは偶然によって決まる。このように結果が偶然に左右されるような実験や観察を**試行**といい, 試行の結果として起こる事柄を**事象**という。試行によって起こり得る個々の結果全体の集合をUで表し, **全事象**または**標本空間**という。事象は全事象Uの部分集合として表すことができる。例えば, 1個のサイコロを投げる試行の場合には, 1の目が出ることを単に1のように表すと, 全事象は

$$U = \{1, 2, 3, 4, 5, 6\}$$

である。また, 1の目が出るという事象をA, 偶数の目が出るという事象をB, 6の約数の目が出るという事象をCとすると

$$A = \{1\}, \qquad B = \{2, 4, 6\}, \qquad C = \{1, 2, 3, 6\}$$

と表せる。このように, 事象を全事象Uの部分集合として表すことで表現が明確になり, 数学的に扱いやすくなる。全事象Uの1個の要素からなる集合が表す事象を**根元事象**という。1個のサイコロを投げるときの根元事象は

$$\{1\}, \quad \{2\}, \quad \{3\}, \quad \{4\}, \quad \{5\}, \quad \{6\}$$

の6個である。また, 空集合$\emptyset$で表される事象を**空事象**という。全事象Uは必ず起きる事象であり, 空事象は決して起こらない事象である。

二つの事象A, Bに対して, 和集合$A \cup B$, 共通部分$A \cap B$で表される事象をそれぞれAとBの**和事象**, **積事象**という (図**2.8**)。また, 事象Aに対して, 補集合$\overline{A}$で表される事象をAの**余事象**という (図**2.9**)。

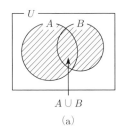
(a)

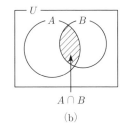
(b)

図 **2.8** 和事象と積事象　　　　　図 **2.9** 余事象

すなわち，和事象，積事象，余事象はそれぞれつぎのような事象である．

　和事象 $A \cup B$：二つの事象 A と B の少なくとも一方が起こるという事象

　積事象 $A \cap B$：二つの事象 A と B が同時に起こるという事象

　余事象 $\overline{A}$：事象 A が起こらないという事象

また，二つの事象 A と B が決して同時に起こらないとき，すなわち，$A \cap B = \emptyset$ であるとき，A と B は互いに**排反**であるという（図 **2.10**）．

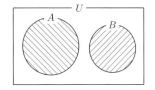

図 **2.10** 互いに排反

例題 2.5　2枚の硬貨 a, b を同時に投げる試行において，硬貨 a は表が出て硬貨 b は裏が出ることを (表, 裏) のように表すと，全事象は

$$U = \{(表,表), (表,裏), (裏,表), (裏,裏)\}$$

となる．この試行において，硬貨 a は表が出るという事象を A とし，硬貨 b は表が出るという事象を B とする．

(1)　この試行における根元事象をすべて求めよ．
(2)　二つの事象 A と B を，U の部分集合として表せ．
(3)　少なくとも 1 枚は表が出るという事象 $A \cup B$ と，2 枚とも表が出るという事象 $A \cap B$ を，それぞれ U の部分集合として表せ．
(4)　硬貨 a は裏が出るという事象 $\overline{A}$ を，U の部分集合として表せ．

【解答】 全事象 U と事象 A, B を図示すると，図 2.11 のようになる。

(1) 根元事象は，{(表,表)}, {(表,裏)}, {(裏,表)}, {(裏,裏)} である。
(2) $A = \{(表,表), (表,裏)\}$,
 $B = \{(表,表), (裏,表)\}$ となる。
(3) $A \cup B = \{(表,表), (表,裏), (裏,表)\}$,
 $A \cap B = \{(表,表)\}$ となる。
(4) $\overline{A} = \{(裏,表), (裏,裏)\}$ となる。

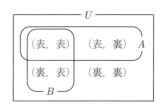

図 2.11 2 枚の硬貨を投げる試行

◇

例題 2.6 3 枚の硬貨 a, b, c を同時に投げる試行において，少なくとも 1 枚は表が出るという事象を A，少なくとも 2 枚は裏が出るという事象を B，3 枚とも表が出るという事象を C とする。この三つの事象のうち，互いに排反である事象はどれとどれかを答えよ。

【解答】 全事象 U と事象 A, B, C を図示すると，図 2.12 のようになる。

図 2.12 3 枚の硬貨を投げる試行

よって，$B \cap C = \emptyset$ なので，互いに排反である事象は B と C である。 ◇

2.3.2 確率の定義

事象の持つ不確実性を定量的に扱うために，確率の概念を導入しよう。事象 A が起こる可能性の大きさを表す量 $P(A)$ がつぎの確率の公理を満たすとき，$P(A)$ を A の**確率**という。

確率の公理

(1) すべての事象 A に対して，$0 \leqq P(A) \leqq 1$ である．

(2) $P(U) = 1$，$P(\emptyset) = 0$ である．

(3) $A_1, A_2, \cdots$ が互いに排反な事象ならば
$P(A_1 \cup A_2 \cup \cdots) = P(A_1) + P(A_2) + \cdots$ である．

確率の公理を満たすような具体的な確率の定義として，数学的確率と統計的確率の 2 種類を紹介しよう．まず，数学的確率を紹介する．1 個のサイコロを投げる試行において，5 以上の目が出るという事象 $A = \{5, 6\}$ が起きる確率を考える．目の出方に偏りがないようにつくられたサイコロであれば，全事象 $U = \{1, 2, 3, 4, 5, 6\}$ において A が占める割合 $\dfrac{2}{6} = \dfrac{1}{3}$ は，事象 A が起きる可能性の大きさを表しているといえる（図 **2.13**）．この割合が数学的確率である．一般に，数学的確率はつぎのように定義される．

図 **2.13** A の割合

数学的確率

全事象 U が有限集合であり，どの根元事象が起こることも同様に確からしいとき，事象 A の数学的確率を

$$P(A) = \frac{[事象 A の要素の個数]}{[全事象 U の要素の個数]}$$

と定義する．

数学的確率を定義するためには，「どの根元事象が起こることも同様に確からしい」という仮定が必要であることに注意しておこう．本書では，投げたときにどの目も均等に出るサイコロを「正常なサイコロ」，表と裏が均等に出る硬貨を「正常な硬貨」と呼ぶことにする．また，複数のものから r 個を選ぶとき，どの r 個の組を選ぶことも同様に確からしいように選ぶことを，**無作為**に選ぶという．無作為に選んで取り出すことを，無作為に取り出すなどという．

例 2.2 （数学的確率の例）
(1) 1枚の正常な硬貨を投げるときに表が出る確率は 1/2 である。
(2) 赤球が3個，白球が5個入った袋から無作為に球を1個取り出すとき，赤球を取り出す確率は 3/8 である。

つぎに，統計的確率について説明しよう．同じ条件のもとで同じ試行を n 回繰り返して事象 A が r 回起きたとき，r/n を A の**相対頻度**という．**表 2.1** は1個のサイコロを投げる試行を n 回繰り返して，5以上の目が出た回数とその相対頻度をまとめたものである．

表 2.1　サイコロ投げの相対頻度

試行回数 n	50	100	500	1000	5000	10000
5以上の目が出た回数 r	21	35	171	331	1706	3425
相対頻度 r/n	0.42	0.35	0.342	0.331	0.3412	0.3425

表 2.1 を見ると，試行回数が大きくなると相対頻度は 0.34 前後の値に近づいていることがわかる．この 0.34 前後の値を，1個のサイコロを投げる試行において5以上の目が出る確率とするのが，統計的確率の考え方である．一般に，統計的確率はつぎのように定義される．

統計的確率

試行回数 n が大きくなると，事象 A の相対頻度 r/n が一定の値 p に近づいていくとみなせるとき，A の統計的確率を $P(A) = p$ と定義する．

統計的確率は，数学的確率に比べて求めることが難しい場合も多いが，「どの根元事象が起こることも同様に確からしい」という仮定を必要としないので適用範囲が広いという利点がある．例えば，天気予報における降水確率は，過去に同じような気象状況となったときの情報をもとにして算出される統計的確率である．また，各根元事象が同様に確からしいという仮定の下では，数学的確率と統計的確率は（理論上では）一致することが知られている．

演習問題 2.3

【1】 白球3個，赤球5個が入っている袋から，同時に3個の球を無作為に取り出すとき，白球1個と赤球2個が出る確率を求めよ．

【2】 表2.2はある県の2012年から2016年における男女の出生児数〔人〕を示したものである．女児の出生する（統計的）確率を求めよ．

表 2.2　ある県の男女別出生児数のデータ

年次	2012年	2013年	2014年	2015年	2016年
男児	42442	40743	38221	37659	37327
女児	39874	38764	36292	35910	35479

2.3.3 確率の法則

ここでは，確率の公理から得られる二つの確率の法則を紹介する．

―― 一般の場合の加法定理 ――――――――――――――――――――

二つの事象 A と B に対して，その和事象 $A \cup B$ の確率は

$$P(A \cup B) = P(A) + P(B) - P(A \cap B) \tag{2.6}$$

となる．特に，A と B が互いに排反ならば，つぎの等式が成立する．

$$P(A \cup B) = P(A) + P(B) \tag{2.7}$$

―― 余事象の確率 ――――――――――――――――――――

事象 A に対して，その余事象 $\overline{A}$ の確率は

$$P(\overline{A}) = 1 - P(A) \tag{2.8}$$

となる．

数学的確率の場合で，これらの確率の法則を説明しよう．全事象 U の要素の個数を n とし，どの根元事象が起こることも同様に確からしいとする．三つの事象 $A, B, A \cap B$ の要素の個数をそれぞれ a, b, c とおくとき，これらの事象の確率は

$$P(A) = \frac{a}{n}, \qquad P(B) = \frac{b}{n}, \qquad P(A \cap B) = \frac{c}{n}$$

となる。二つの事象 A と B が互いに排反ではないとき，図 **2.14** のように $A \cup B$ の要素の個数は $(a-c)+(b-c)+c = a+b-c$ であるから

$$P(A \cup B) = \frac{a+b-c}{n} = \frac{a}{n} + \frac{b}{n} - \frac{c}{n} = P(A) + P(B) - P(A \cap B)$$

となり，式 (2.6) が得られる。二つの事象 A と B が互いに排反なときは $c=0$ であり，図 **2.15** のように $A \cup B$ の要素の個数は $a+b$ となるから

$$P(A \cup B) = \frac{a+b}{n} = \frac{a}{n} + \frac{b}{n} = P(A) + P(B)$$

となり，式 (2.7) が得られる。ここで，$c=0$ ならば $P(A \cap B) = 0$ となるから，式 (2.7) は式 (2.6) の特別な場合であることに注意しておこう。また，図 **2.16** のように余事象 $\overline{A}$ の要素の個数は $n-a$ となるから

$$P(\overline{A}) = \frac{n-a}{n} = \frac{n}{n} - \frac{a}{n} = 1 - P(A)$$

となり，式 (2.8) が得られる。

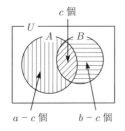

図 **2.14** 和事象（排反でない）

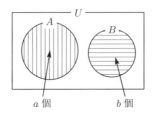

図 **2.15** 和事象（排反である）

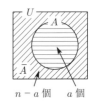

図 **2.16** 余事象

例題 2.7 ジョーカーを除く 1 組 52 枚のトランプの中から無作為に 1 枚のカードを引くとき，絵札（J, Q, K）を引くという事象を A，ハートのカードを引くという事象を B，スペードのカードを引くという事象を C とする。

(1) 三つの確率 $P(A)$, $P(B)$, $P(C)$ を求めよ.
(2) 三つの確率 $P(A \cap B)$, $P(A \cup B)$, $P(B \cup C)$ を求めよ.
(3) ハートの絵札以外のカードを引く確率を求めよ.

【解答】 三つの事象 A, B, C の関係を図示すると,図 **2.17** のようになる.

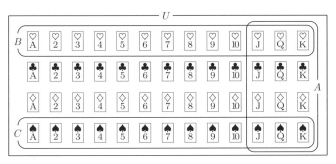

図 **2.17** 1 組 52 枚のトランプ

(1) 絵札は $4 \times 3 = 12$ 枚あり,ハートとスペードのカードはそれぞれ 13 枚ずつあるから,$P(A) = \dfrac{12}{52} = \dfrac{3}{13}$,$P(B) = P(C) = \dfrac{13}{52} = \dfrac{1}{4}$ となる.

(2) ハートの絵札の枚数は 3 枚であるから $P(A \cap B) = \dfrac{3}{52}$ であり,式 (2.6) より

$$P(A \cup B) = P(A) + P(B) - P(A \cap B) = \frac{12}{52} + \frac{13}{52} - \frac{3}{52} = \frac{11}{26}$$

となる.また,B と C は排反であるから,式 (2.7) より

$$P(B \cup C) = P(B) + P(C) = \frac{1}{4} + \frac{1}{4} = \frac{1}{2}$$

となる.

(3) 求める確率は $P(\overline{A \cap B})$ であるから,式 (2.8) より

$$P(\overline{A \cap B}) = 1 - P(A \cap B) = 1 - \frac{3}{52} = \frac{49}{52}$$

となる.

演習問題 **2.4**

【1】 赤球 4 個,白球 5 個が入っている袋から,同時に 3 個の球を無作為に取り出す.

(1) 3個とも同じ色である確率を求めよ。

(2) 少なくとも1個は赤球である確率を求めよ。

【2】 全事象を $U = \{a,b,c,d,e,f,g,h\}$ とする。また，$A = \{a,b,c,d\}$，$B = \{b,d,f,h\}$，$C = \{b,c,e,f\}$ とする。どの根元事象が起こることも同様に確からしいとするとき，以下の確率を求めよ。

(1) $P(A \cap B)$　　　(2) $P(A \cup B)$　　　(3) $P(\overline{B} \cap C)$

2.4 条件付き確率と乗法定理

空事象 $\emptyset$ ではない事象 A が起こったという条件のもとで事象 B が起こる確率を $P(B|A)$ と書き，事象 A が起こったときの B の**条件付き確率**という。言い換えれば，$P(B|A)$ は A を全事象とみなしたときの事象 B の確率である。

例 2.3 ある高校のクラスの生徒 30 人について，眼鏡をかけているかどうかを調べたところ，表 2.3 の結果を得た。この 30 人の生徒の中から無作為に 1 人を選ぶ試行において，男子生徒を選ぶという事象を A，眼鏡をかけている生徒を選ぶという事象を B とする。ここで，選ばれた生徒が男子生徒だったときにその生徒が眼鏡をかけている条件付き確率 $P(B|A)$ を考えると，男子生徒 16 人中に眼鏡をかけている生徒は 7 人いるから，$P(B|A) = \dfrac{7}{16}$ となる。

表 2.3 眼鏡の有無

	男子	女子	計
眼鏡あり	7	4	11
眼鏡なし	9	10	19
計	16	14	30

全事象 U が有限集合であり，どの根元事象が起こることも同様に確からしいとする。図 2.18 のように，A において B が占める部分は $A \cap B$ であるから，A と $A \cap B$ の要素の個数をそれぞれ a と c とおくと

$$P(B|A) = \frac{c}{a} \qquad (2.9)$$

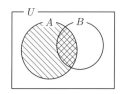

図 2.18 条件付き確率

となる。全事象の要素の個数を n とおくと

$$P(B|A) = \frac{c}{a} = \frac{\dfrac{c}{n}}{\dfrac{a}{n}} = \frac{P(A \cap B)}{P(A)}$$

となり，つぎのことがわかる。

条件付き確率と乗法定理

$P(A) > 0$ であるとき，事象 A が起こったという条件のもとで事象 B が起こる条件付き確率は

$$P(B|A) = \frac{P(A \cap B)}{P(A)} \tag{2.10}$$

となる。これを変形して得られるつぎの式は，確率の**乗法定理**と呼ばれる。

$$P(A \cap B) = P(A)P(B|A) \tag{2.11}$$

例 2.3 の場合，眼鏡をかけている男子生徒を選ぶ確率 $P(A \cap B)$ と男子生徒を選ぶ確率 $P(A)$ はそれぞれ

$$P(A \cap B) = \frac{7}{30}, \qquad P(A) = \frac{16}{30}$$

であり，$P(B|A) = \dfrac{7}{16} = \dfrac{P(A \cap B)}{P(A)}$ となることを確認できる。

例題 2.8 赤球 2 個と白球 3 個が入った袋がある。a 君がこの袋から無作為に球を 1 個取り出して袋には戻さず，つぎに b さんがこの袋から無作為に球を 1 個取り出す。このとき，a 君が赤球を取り出すという事象を A とし，b さんが赤球を取り出すという事象を B とする。

(1) 二つの確率 $P(A)$, $P(B|A)$ をそれぞれ求めよ。

(2) a 君も b さんも赤球を取り出す確率 $P(A \cap B)$ を求めよ。

【解答】 (1) 事象 A の確率は $P(A) = \dfrac{2}{2+3} = \dfrac{2}{5}$ となる。a 君が赤球を取り出すと袋の中に赤球 1 個と白球 3 個が残るから，a 君が赤球を取り出したときに b さんが赤球を取り出す条件付き確率は $P(B|A) = \dfrac{1}{1+3} = \dfrac{1}{4}$ となる。

(2) 式 (2.11) より，$P(A \cap B) = P(A)P(B|A) = \dfrac{2}{5} \times \dfrac{1}{4} = \dfrac{1}{10}$ となる。　◇

確率が 0 ではない二つの事象 A, B があって，一方の事象が起こるかどうかが他方の事象の起こる確率に影響しないとき，すなわち

$$P(B|A) = P(B), \qquad P(A|B) = P(A) \tag{2.12}$$

が成立するとき，事象 A と B は互いに<u>独立</u>であるという。式 (2.11) より，A と B が互いに独立ならば

$$P(A \cap B) = P(A)P(B) \tag{2.13}$$

が成立する。ここで，$P(A) > 0$ かつ $P(B) > 0$ ならば

$$P(B|A) = P(B) \iff P(A \cap B) = P(A)P(B) \iff P(A|B) = P(A)$$

となることに注意しておこう。

例題 2.9　つぎの問に答えよ。

(1) 例題 2.8 において，a 君が取り出した球を袋に戻すとするとき，$P(B|A)$, $P(B|\overline{A})$, $P(B)$ を求め，事象 A と事象 B が互いに独立かどうかを調べよ。

(2) 例 2.3 において，男子生徒を選ぶという事象 A と眼鏡をかけている生徒を選ぶという事象 B は互いに独立かどうかを調べよ。

【解答】(1)　A が起こるかどうかは B が起こる確率に影響しないので

$$P(B|A) = P(B|\overline{A}) = P(B) = \dfrac{2}{5}$$

である。これより A と B は互いに独立である。

(2)　例 2.3 より $P(B|A) = 7/16$ である。また，生徒 30 人中に眼鏡をかけている生徒は 11 人だから $P(B) = 11/30$ となる。よって，$P(B|A) \neq P(B)$ であるから，A と B は互いに独立ではない。　◇

例 2.4 1個のサイコロを3回続けて投げる試行において，1回目，2回目，3回目のそれぞれに6の目が出るという事象を各々 A_1, A_2, A_3 とする。1回目に6の目，2回目と3回目に6以外の目が出る確率 $P(A_1 \cap \overline{A}_2 \cap \overline{A}_3)$ を求める。各回で出る目は他の回で出る目に影響しないから $A_1, \overline{A}_2, \overline{A}_3$ は互いに独立であり，式 (2.13) より

$$P(A_1 \cap \overline{A}_2 \cap \overline{A}_3) = P(A_1)P(\overline{A}_2)P(\overline{A}_3) = \frac{1}{6} \times \frac{5}{6} \times \frac{5}{6} = \frac{25}{216}$$

となる。

演習問題 2.5

【1】 $P(A) = \frac{1}{3}$, $P(B) = \frac{1}{2}$, $P(A \cap B) = \frac{1}{7}$ のとき，$P(A|B)$, $P(B|A)$, $P(A \cup B)$, $P(\overline{A}|B)$ を求めよ。

【2】 1から8までの数字が一つずつ書かれた8枚のカードから1枚のカードを無作為に選ぶとき，奇数のカードを選ぶという事象を A, 2以下のカードを選ぶという事象を B, 6以上のカードを選ぶという事象を C とする。このとき，事象 A と B は独立かを調べよ。また，事象 A と C は独立かを調べよ。

2.5 ベイズの定理

この節では，得られた結果から原因を推定するときに用いられるベイズの定理を紹介する。まず，つぎのような例題を考えてみよう。

例題 2.10 ある都市では，住民全体の 2% が病原菌 a に感染している。この都市の全住民を対象に集団検診を実施し，病原菌 a に感染しているかどうかを検査する。この検査で病原菌 a に感染している人と感染していな

い人が陽性と判断される確率はそれぞれ 99% と 10% である。この都市の住民を無作為に選ぶとき，その住民が病原菌 a に感染しているという事象を H とし，その住民が検査で陽性と判断されるという事象を A とする。

(1) 確率 $P(H), P(\overline{H}), P(A|H), P(A|\overline{H})$ をそれぞれ求めよ。

(2) その住民が検査で陽性と判断される確率 $P(A)$ を求めよ。

(3) その住民が検査で陽性と判断されたとき，本当に病原菌 a に感染している条件付き確率 $P(H|A)$ を求めよ。

【解答】 (1) 問題文より，$P(H) = 0.02, P(A|H) = 0.99, P(A|\overline{H}) = 0.1$ となる。また，式 (2.8) を用いると，$P(\overline{H}) = 1 - P(H) = 1 - 0.02 = 0.98$ となる。

(2) 図 2.19 のように A を分割し，式 (2.11) を用いると

$$P(A) = P(A \cap H) + P(A \cap \overline{H})$$
$$= P(H)P(A|H) + P(\overline{H})P(A|\overline{H})$$
$$= 0.02 \times 0.99 + 0.98 \times 0.1 = 0.1178$$

となる。

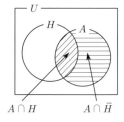

図 2.19　A の分割

(3) $P(A \cap H) = P(H)P(A|H) = 0.02 \times 0.99 = 0.0198$ だから，式 (2.10) より

$$P(H|A) = \frac{P(A \cap H)}{P(A)} = \frac{0.0198}{0.1178} = \frac{99}{589}$$

となる。　　　　　　　　　　　　　　　　　　　　　　　　　　◇

例題 2.10 (3) では，無作為に選ばれた住民が検査で陽性と判断されたときに病原菌 a に感染している条件付き確率 $P(H|A)$ を求めたが，その過程をまとめると

$$P(H|A) = \frac{P(A \cap H)}{P(A)} = \frac{P(H)P(A|H)}{P(H)P(A|H) + P(\overline{H})P(A|\overline{H})} \quad (2.14)$$

という等式が得られる。式 (2.14) を用いると，ある事象 A が起きた原因として事象 H とその余事象 $\overline{H}$ だけが考えられるとき，各原因が生じる確率 $P(H)$, $P(\overline{H})$ と各原因が生じたときに A が起きる条件付き確率 $P(A|H), P(A|\overline{H})$ から，A が起きたときに H が原因である条件付き確率 $P(H|A)$ を求めることが

できる。これを一般化したものが，つぎのベイズの定理である。

ベイズの定理

n 個の事象 $H_1, H_2, \cdots, H_n$ のいずれか一つだけが必ず起こるとする。事象 A が起こったとき，事象 H_i が原因である条件付き確率 $P(H_i|A)$ は

$$P(H_i|A) = \frac{P(H_i)P(A|H_i)}{\displaystyle\sum_{j=1}^{n} P(H_j)P(A|H_j)} \quad (i = 1, 2, \cdots, n) \qquad (2.15)$$

である。ただし，$P(A) > 0, P(H_j) > 0 \ (j = 1, 2, \cdots, n)$ とする。

---

n 個の事象 $H_1, H_2, \cdots, H_n$ のいずれか一つだけが必ず起こるということは，全事象 U が図 **2.20** のように分割される（互いに排反である）ことを意味する。この分割に沿って，事象 A を図 **2.21** のように分割し，式 (2.11) を用いると

$$\begin{aligned}P(A) &= P(A \cap H_1) + P(A \cap H_2) + \cdots + P(A \cap H_n) \\ &= P(H_1)P(A|H_1) + P(H_2)P(A|H_2) + \cdots + P(H_n)P(A|H_n)\end{aligned}$$

となる。この等式と式 (2.10), (2.11) より

$$P(H_i|A) = \frac{P(A \cap H_i)}{P(A)}$$
$$= \frac{P(H_i)P(A|H_i)}{P(H_1)P(A|H_1) + \cdots + P(H_i)P(A|H_i) + \cdots + P(H_n)P(A|H_n)}$$

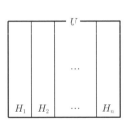

図 **2.20** U の分割

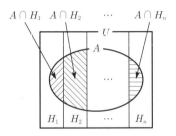

図 **2.21** A の分割

となり,式 (2.15) が得られる。

例題 2.11 ある島国では,気候が 1 年を通して一定であり,1 年間のうちで雨の日,晴れの日,くもりの日の割合がそれぞれ 30%, 50%, 20% である。また,この島国のただ一つの気象情報番組は雨の日,晴れの日,くもりの日にそれぞれ 95%, 5%, 10% の確率で「雨」の予報を出す。この島国で,年に一度のお祭りの日を選んだところ,その日に気象情報番組で「雨」の予報が出てしまったとき,このお祭りの日が本当に雨の日である条件付き確率を求めよ。

【解答】 年に一度のお祭りの日を選ぶとき,その日は雨の日であるという事象を H_1,その日は晴れの日であるという事象を H_2,その日はくもりの日であるという事象を H_3,その日に気象情報番組で「雨」の予報が出るという事象を A とおく。このとき,求める条件付き確率は $P(H_1|A)$ であり,H_1, H_2, H_3 のいずれか一つだけが必ず起こる(図 **2.22**)。問題文より

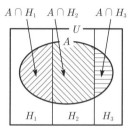

図 **2.22** A の分割

$$P(H_1) = 0.3, \quad P(H_2) = 0.5, \quad P(H_3) = 0.2,$$
$$P(A|H_1) = 0.95, \quad P(A|H_2) = 0.05, \quad P(A|H_3) = 0.1$$

である。また

$$P(A) = P(A \cap H_1) + P(A \cap H_2) + P(A \cap H_3)$$
$$= P(H_1)P(A|H_1) + P(H_2)P(A|H_2) + P(H_3)P(A|H_3)$$
$$= 0.3 \times 0.95 + 0.5 \times 0.05 + 0.2 \times 0.1 = 0.33$$
$$P(A \cap H_1) = P(H_1)P(A|H_1) = 0.3 \times 0.95 = 0.285$$

なので,ベイズの定理より $P(H_1|A) = \dfrac{P(A \cap H_1)}{P(A)} = \dfrac{0.285}{0.33} = \dfrac{19}{22}$ となる。◇

演習問題 2.6

【1】 三つの袋 A, B, C にそれぞれ白球と赤球合わせて 8 個の球が入っており，A には白球 3 個，赤球 5 個，B には白球 2 個，赤球 6 個，C には白球 4 個，赤球 4 個が入っているとする。一つの袋を無作為に選び，選ばれた袋から一つの球を無作為に取り出したら白球が出たことを知ったとき，この球が A から出た条件付き確率，B から出た条件付き確率をそれぞれ求めよ。

2.6 反復試行の確率

1 個のサイコロを続けて投げるように，同じ条件のもとで同じ試行を繰り返すことを**反復試行**という。この節では，反復試行における確率について考える。

1 個の正常なサイコロを 5 回続けて投げる反復試行において，6 の目がちょうど 2 回出る確率を求めてみよう。1 個の正常なサイコロを投げるとき，6 の目が出る確率は 1/6 であり，6 以外の目が出る確率は 5/6 である。6 の目が出ることを ○，6 以外の目が出ることを × で表すと，5 回のうち 6 の目がちょうど 2 回出るような場合の数は 2 個の ○ と 3 個の × をすべて並べてできる順列の総数 $_5\mathrm{C}_2$ に等しい（**表 2.4**）。

表 2.4 サイコロ投げを 5 回繰り返す反復試行

	1回目	2回目	3回目	4回目	5回目	確率
$_5\mathrm{C}_2$ 通り	○	○	×	×	×	$\frac{1}{6} \times \frac{1}{6} \times \frac{5}{6} \times \frac{5}{6} \times \frac{5}{6} = \left(\frac{1}{6}\right)^2 \left(\frac{5}{6}\right)^3$
	○	×	○	×	×	$\frac{1}{6} \times \frac{5}{6} \times \frac{1}{6} \times \frac{5}{6} \times \frac{5}{6} = \left(\frac{1}{6}\right)^2 \left(\frac{5}{6}\right)^3$
	⋮					⋮
	×	×	×	○	○	$\frac{5}{6} \times \frac{5}{6} \times \frac{5}{6} \times \frac{1}{6} \times \frac{1}{6} = \left(\frac{1}{6}\right)^2 \left(\frac{5}{6}\right)^3$

例 2.4 のように式 (2.13) を利用して計算すると，それぞれの場合が起こる確率は $\left(\frac{1}{6}\right)^2 \left(\frac{5}{6}\right)^3$ である。この $_5\mathrm{C}_2$ 通りの場合は互いに排反であるので，p.35 の

確率の公理 (3) より，求める確率は

$$
{}_5C_2 \left(\frac{1}{6}\right)^2 \left(\frac{5}{6}\right)^3 = 10 \times \frac{1}{36} \times \frac{125}{216} = \frac{625}{3888}
$$

となる．一般に，反復試行においてつぎのことが成り立つ．

反復試行の確率

1回の試行で事象 A が起こる確率を p とする．この試行を n 回繰り返す反復試行において，事象 A がちょうど r 回起こる確率は

$$
{}_nC_r\, p^r (1-p)^{n-r} \quad (r = 0, 1, \cdots, n) \tag{2.16}
$$

である．

例題 2.12 赤球1個と白球2個が入った袋から無作為に球を1個取り出して，その球の色を調べてから袋に戻すという操作を6回繰り返すとき，赤球をちょうど4回取り出す確率を求めよ．

【解答】 袋から無作為に球を1個取り出して，その球の色を調べてから袋に戻すという操作を1回行うとき，赤球を取り出す確率は $1/3$ である．求める確率は，この操作を6回繰り返す反復試行において赤球をちょうど4回取り出す確率であるから

$$
{}_6C_4 \left(\frac{1}{3}\right)^4 \left(1-\frac{1}{3}\right)^{6-4} = 15 \times \frac{1}{81} \times \frac{4}{9} = \frac{20}{243}
$$

となる．

演習問題 2.7

【1】 1個の正常なサイコロを6回続けて投げるとき，つぎの問に答えよ．

(1) 偶数の目がちょうど3回出る確率を求めよ．

(2) 5以上の目がちょうど2回出る確率を求めよ．

(3) 4の目が5回以上出る確率を求めよ．

3 確率分布

　試行の結果がある変数の値と対応づけられているとき，その変数を確率変数と呼び，確率変数のとり得る値と確率の対応関係を確率分布という。確率変数と確率分布は統計的推測の土台となるものであり，統計学において重要な概念である。本章の目標は，これらの概念についての基礎知識を身につけることである。確率変数にはとびとびの値だけをとり得る離散型確率変数と連続的な実数値をとり得る連続型確率変数の2種類がある。それぞれの代表的な確率分布とその扱い方について学んでいこう。

3.1　確率変数と確率分布

　1枚の正常な硬貨を投げるときの結果は「表が出る」または「裏が出る」のいずれかであるが，表が出たときに値1，裏が出たときに値0を対応させることによって，結果を数値で表すことができる。この数値をXとおくと，Xは偶然性に支配されて0または1という値をとる変数であり，それぞれの値をとる確率は1/2である（図**3.1**）。

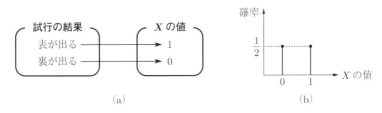

図 **3.1**　確率変数の例

このように試行の結果がある変数 X の値と対応づけられているとき，X を**確率変数**と呼び，試行の結果から得られる確率変数 X の具体的な値を X の**実現値**と呼ぶ．確率変数 X のとり得る値とそれらの確率の対応関係を X の**確率分布**という．また，$P([X についての条件])$ という記号で，$[X についての条件]$ が成り立つという事象の確率を表す．例えば，X が a という値をとる確率を $P(X = a)$，X が $a \leqq X \leqq b$ の範囲の値をとる確率を $P(a \leqq X \leqq b)$ と表記する．確率変数 X の確率分布がある確率分布 D と一致するとき，X は確率分布 D に従うという．

例 3.1 1個の正常なサイコロを投げるときに出る目 X は確率変数である．

X のとり得る値は $1, 2, 3, 4, 5, 6$ であり，X の確率分布は

$$P(X = k) = \frac{1}{6} \quad (k = 1, 2, 3, 4, 5, 6)$$

で与えられる．このとき，X が3以上5未満の値をとる確率 $P(3 \leqq X < 5)$ と X が4以上の値をとる確率 $P(X \geqq 4)$ の値はそれぞれ

$$P(3 \leqq X < 5) = P(X = 3) + P(X = 4) = \frac{1}{6} + \frac{1}{6} = \frac{1}{3},$$
$$P(X \geqq 4) = P(X = 4) + P(X = 5) + P(X = 6) = \frac{1}{6} + \frac{1}{6} + \frac{1}{6} = \frac{1}{2}$$

となる．

確率変数はそのとり得る値によって，つぎの2種類に分けられる．

- **離散型確率変数**：とり得る値が整数値などのとびとびの値である確率変数．
- **連続型確率変数**：とり得る値が連続的な実数値である確率変数．

例えば，前述した正常な硬貨を投げるときの結果を表す数値や例 3.1 の正常なサイコロを投げるときに出る目は離散型確率変数である．また，離散型確率変数と連続型確率変数の確率分布をそれぞれ**離散型確率分布**と**連続型確率分布**という．この2種類の確率分布には，共通点も多いが異なる点も多い．それぞれの扱い方については次節以降で紹介していく．

例 3.2 (離散型確率変数と連続型確率変数の例)
(1) 3枚の硬貨を投げるとき，表が出る枚数 X は離散型確率変数である。
(2) ある都市で1日に起きる交通事故の件数 X は離散型確率変数である。
(3) 無作為に選ばれる日本人の身長 X〔cm〕は連続型確率変数である。
(4) ある店における来客の時間間隔 X〔分〕は連続型確率変数である。

確率変数 X の関数 $Y = f(X)$ を考えるとき，試行の結果によって X の値が定まれば，それに応じて Y の値も定まるので，Y も確率変数とみなすことができる。例えば，例 3.1 の正常なサイコロを投げるときに出る目 X に対して $Y = X^2 + 2X$ とおくと，Y のとり得る値は 3, 8, 15, 24, 35, 48 であり，Y の確率分布は

$$P(Y = k) = \frac{1}{6} \quad (k = 3, 8, 15, 24, 35, 48)$$

で与えられる。

3.2 離散型確率分布

この節では，離散型確率分布の基本事項を紹介する。X を離散型確率変数（とり得る値がとびとびの値である確率変数）とする。このとき，$f(x) = P(X = x)$ で定まる関数 $f(x)$ を X の**確率関数**という。確率関数 $f(x)$ は X の確率分布を定める関数であり，X のとり得る値を $x_1, x_2, \cdots, x_n$ とすると

$$\begin{aligned} &f(x_j) \geq 0 \quad (j = 1, 2, \cdots, n), \\ &f(x_1) + f(x_2) + \cdots + f(x_n) = 1 \end{aligned} \quad (3.1)$$

が成り立つ。式 (3.1) は，どのような確率でも 0 以上であることと全事象の確率が 1 であることから得られるものであり，確率関数の基本的な条件である。離散型確率変数 X の確率分布は，しばしば**表 3.1** のようにまとめられる。

表 3.1 離散型確率変数 X の確率分布

X	x_1	x_2	$\cdots$	x_n	計
確率	$f(x_1)$	$f(x_2)$	$\cdots$	$f(x_n)$	1

また，図 3.2 のような確率関数 $y = f(x)$ のグラフを描くと，確率分布の様子を直感的に理解しやすくなる。

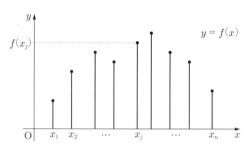

図 3.2　離散型確率変数の確率関数のグラフ

例 3.3　3 枚の正常な硬貨 a, b, c を同時に投げるとき，表が出る硬貨の枚数 X は離散型確率変数である。3 枚の硬貨の表裏の出方は

$$\underbrace{(裏, 裏, 裏),}_{X=0} \underbrace{(表, 裏, 裏), \quad (裏, 表, 裏), \quad (裏, 裏, 表),}_{X=1}$$

$$\underbrace{(表, 表, 裏), \quad (表, 裏, 表), \quad (裏, 表, 表),}_{X=2} \underbrace{(表, 表, 表)}_{X=3}$$

の 8 通りであるから，X の確率関数 $f(x) = P(X = x)$ と X の確率分布をまとめた表（**表 3.2**）はつぎのようになる。

$$f(x) = \begin{cases} \dfrac{1}{8} & (x = 0, 3), \\ \dfrac{3}{8} & (x = 1, 2), \\ 0 & (それ以外) \end{cases}$$

表 3.2　X の確率分布

X	0	1	2	3	計
確率	$\dfrac{1}{8}$	$\dfrac{3}{8}$	$\dfrac{3}{8}$	$\dfrac{1}{8}$	1

また，確率関数 $y = f(x)$ のグラフは**図 3.3** のようになる。

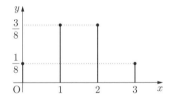

図 3.3 確率関数 $y = f(x)$ のグラフ

確率分布の特徴を表す数値である期待値，分散，標準偏差を定義しよう．離散型確率変数 X の確率分布が**表 3.3** で与えられているとする．

表 3.3 離散型確率変数 X の確率分布

X	x_1	x_2	$\cdots$	x_n	計
確率	$f(x_1)$	$f(x_2)$	$\cdots$	$f(x_n)$	1

このとき

$$E(X) = \sum_{j=1}^{n} x_j f(x_j) = x_1 f(x_1) + x_2 f(x_2) + \cdots + x_n f(x_n) \quad (3.2)$$

で定まる $E(X)$ を X の**期待値**または**平均**という．期待値 $E(X)$ は μ と表記されることもある．何度も試行を繰り返して多数の X の実現値を得たとき，それらの実現値は期待値 $E(X)$ を中心として分布する．つまり，期待値 $E(X)$ は X の確率分布の「中心」を表す数値である．

$E(X) = \mu$ とおくとき，$(X - \mu)^2$ の期待値

$$V(X) = E((X-\mu)^2) = \sum_{j=1}^{n}(x_j - \mu)^2 f(x_j) \quad (3.3)$$
$$= (x_1 - \mu)^2 f(x_1) + (x_2 - \mu)^2 f(x_2) + \cdots + (x_n - \mu)^2 f(x_n)$$

を X の**分散**という．また，X の分散 $V(X)$ の 0 以上の平方根 $\sigma(X) = \sqrt{V(X)}$ を X の**標準偏差**という．分散 $V(X)$，標準偏差 $\sigma(X)$ をそれぞれ σ^2，σ と表記することもある．定義からわかるように，分散 $V(X)$ の値は必ず 0 以上になる．分散 $V(X)$ は確率変数 X の値と期待値 μ の差の平方 $(X - \mu)^2$ の期待値であるから，X が μ と離れた値をとりやすいと $V(X)$ は大きい値になり，X

が μ に近い値をとりやすいと $V(X)$ は 0 に近い値になる．つまり，分散 $V(X)$ は X の確率分布の「ばらつきの大きさ」を表す数値である．また，分散 $V(X)$ の単位は X の単位の 2 乗であるが，標準偏差 $\sigma(X)$ は X と同じ単位を持つ．

例題 3.1 X を例 3.3 の確率変数とするとき，X の期待値 $E(X)$，分散 $V(X)$，標準偏差 $\sigma(X)$ の値を求めよ．

【解答】 表 3.2 より

$$E(X) = 0 \times \frac{1}{8} + 1 \times \frac{3}{8} + 2 \times \frac{3}{8} + 3 \times \frac{1}{8} = \frac{12}{8} = \frac{3}{2},$$

$$V(X) = \left(0 - \frac{3}{2}\right)^2 \times \frac{1}{8} + \left(1 - \frac{3}{2}\right)^2 \times \frac{3}{8} + \left(2 - \frac{3}{2}\right)^2 \times \frac{3}{8} + \left(3 - \frac{3}{2}\right)^2 \times \frac{1}{8}$$

$$= \frac{24}{32} = \frac{3}{4},$$

$$\sigma(X) = \sqrt{V(X)} = \sqrt{\frac{3}{4}} = \frac{\sqrt{3}}{2}$$

となる． ◇

期待値，分散，標準偏差について，よく知られている公式を紹介しよう．ここで紹介する公式 (3.4)，(3.5)，(3.7)〜(3.9) は 3.6 節で定義する連続型確率変数の期待値，分散，標準偏差に対しても成り立つことが知られている．

$aX + b$ の期待値

確率変数 X の期待値を $E(X)$ とするとき，定数 a, b に対して

$$E(aX + b) = aE(X) + b \tag{3.4}$$

が成り立つ．

証明 (X が離散型確率変数の場合) 確率変数 X のとり得る値を $x_1, x_2, \cdots, x_n$ とし，X の確率関数を $f(x)$ とする．このとき

$$E(aX + b) = \sum_{j=1}^{n}(ax_j + b)f(x_j) = a\sum_{j=1}^{n} x_j f(x_j) + b\sum_{j=1}^{n} f(x_j)$$

となる．$\sum_{j=1}^{n} x_j f(x_j) = E(X)$，$\sum_{j=1}^{n} f(x_j) = 1$ より，式 (3.4) を得る． ♠

$aX+b$ の分散

確率変数 X の分散を $V(X)$ とするとき,定数 a, b に対して
$$V(aX+b) = a^2 V(X) \tag{3.5}$$
が成り立つ。

証明 確率変数 X の期待値を $E(X) = \mu$ とおく。このとき,式 (3.4) より,確率変数 $aX+b$ の期待値は $a\mu + b$ であり

$$\begin{aligned} V(aX+b) &= E\bigl(\{(aX+b) - (a\mu+b)\}^2\bigr) \\ &= E(a^2(X-\mu)^2) = a^2 E((X-\mu)^2) = a^2 V(X) \end{aligned}$$

を得る。　♠

つぎに,計算に便利な分散の表示を紹介する。確率変数 X の確率分布が表 3.3 で与えられているとき,X^2 の期待値 $E(X^2)$ は

$$E(X^2) = \sum_{j=1}^{n} x_j^2 f(x_j) = x_1^2 f(x_1) + x_2^2 f(x_2) + \cdots + x_n^2 f(x_n) \tag{3.6}$$

と表せる。この $E(X^2)$ と X の期待値 $E(X)$ を用いて,X の分散 $V(X)$ はつぎのように表すことができる。

分散の性質

確率変数 X の期待値を $E(X)$,分散を $V(X)$ とするとき
$$V(X) = E(X^2) - \{E(X)\}^2 \tag{3.7}$$
が成り立つ。

証明 (X が離散型確率変数の場合)　確率変数 X のとり得る値を $x_1, x_2, \cdots, x_n$ とし,X の確率関数を $f(x)$ とする。$E(X) = \mu$ とおくとき

$$\begin{aligned} V(X) &= \sum_{j=1}^{n}(x_j - \mu)^2 f(x_j) = \sum_{j=1}^{n}(x_j^2 - 2x_j\mu + \mu^2)f(x_j) \\ &= \sum_{j=1}^{n} x_j^2 f(x_j) - 2\mu \sum_{j=1}^{n} x_j f(x_j) + \mu^2 \sum_{j=1}^{n} f(x_j) \end{aligned}$$

となる。$\sum_{j=1}^{n} x_j^2 f(x_j) = E(X^2)$,$\sum_{j=1}^{n} x_j f(x_j) = \mu$,$\sum_{j=1}^{n} f(x_j) = 1$ より

$$V(X) = E(X^2) - 2\mu \times \mu + \mu^2 \times 1 = E(X^2) - \mu^2$$

を得る。　♠

式 (3.7) は分散の値を計算するときに便利である。例えば，例題 3.1 の分散 $V(X)$ の計算は，式 (3.7) を用いると

$$V(X) = E(X^2) - \{E(X)\}^2$$
$$= \left(0^2 \times \frac{1}{8} + 1^2 \times \frac{3}{8} + 2^2 \times \frac{3}{8} + 3^2 \times \frac{1}{8}\right) - \left(\frac{3}{2}\right)^2 = 3 - \frac{9}{4} = \frac{3}{4}$$

となり，少し簡単になる。

確率変数 X がとり得る任意の値 a と確率変数 Y がとり得る任意の値 b について，$P(X = a$ かつ $Y = b) = P(X = a) P(Y = b)$ が成り立つとき，X と Y は互いに**独立**であるという。確率変数 X と Y の和について，つぎの公式が成り立つ。

確率変数の和の期待値と分散

確率変数 X, Y に対して

$$E(X + Y) = E(X) + E(Y) \tag{3.8}$$

が成り立つ。さらに，X と Y が独立であるとき

$$V(X + Y) = V(X) + V(Y) \tag{3.9}$$

が成り立つ。

$E(X) = E(Y) = \mu$ とするとき，式 (3.4)，(3.8) から

$$E\left(\frac{X+Y}{2}\right) = \frac{1}{2}(E(X+Y)) = \frac{1}{2}\left(E(X) + E(Y)\right) = \mu$$

が得られる。また，$V(X) = V(Y) = \sigma^2$ で X と Y が独立であるとするとき，式 (3.5)，(3.9) から

$$V\left(\frac{X+Y}{2}\right) = \frac{1}{4}(V(X+Y)) = \frac{1}{4}\left(V(X) + V(Y)\right) = \frac{\sigma^2}{2}$$

が得られる。

演習問題 3.1

【1】 離散型確率変数 X の確率分布が**表 3.4**で与えられているとする。

表 3.4 X の確率分布

X	1	3	5	7	9	計
確率	$\dfrac{6}{16}$	$\dfrac{4}{16}$	$\dfrac{3}{16}$	$\dfrac{2}{16}$	$\dfrac{1}{16}$	1

(1) X に関する確率 $P(X \leq 6)$ と $P(3 \leq X \leq 7)$ の値を求めよ。

(2) X の期待値 $E(X)$，分散 $V(X)$，標準偏差 $\sigma(X)$ の値を求めよ。

【2】 赤球と白球が 3 個ずつ入っている袋から無作為に球を 1 個取り出すという試行を，初めて赤球を取り出すまで繰り返す。ただし，取り出した球はもとに戻さないとする。試行回数を X とするとき，確率を計算して空欄を埋め，**表 3.5**を完成させよ。さらに，X の期待値 $E(X)$ と分散 $V(X)$ の値を求めよ。

表 3.5 X の確率分布

X	1	2	3	4	計
確率					1

3.3 二 項 分 布

この節では，代表的な離散型確率分布である二項分布について紹介する。ある試行において，事象 A が確率 p で起きるとする。この試行を n 回繰り返す反復試行において，A が起きる回数 X の確率関数 $f(x) = P(X = x)$ は

$$f(x) = \begin{cases} {}_n\mathrm{C}_x\, p^x (1-p)^{n-x} & (x = 0,\, 1,\, 2,\, \cdots,\, n), \\ 0 & (\text{それ以外}) \end{cases} \tag{3.10}$$

で与えられる（2.6 節参照）。この確率関数 $f(x)$ から定まる離散型確率分布を**二項分布**といい，$B(n, p)$ で表す。$B(1, p)$ は**ベルヌーイ分布**とも呼ばれる。確率変数 X の確率分布が二項分布 $B(n, p)$ であることを $X \sim B(n, p)$ と表記し，X は二項分布 $B(n, p)$ に従うという。

図 3.4 は，$p = 0.1,\, 0.5,\, 0.7$ の場合に二項分布 $B(20, p)$ の確率関数 $y = f(x)$

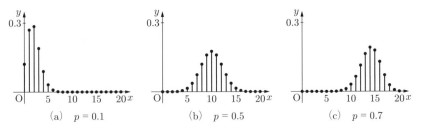

図 3.4 二項分布 $B(20, p)$ の確率関数のグラフ

のグラフを描いたものである.どの場合のグラフも山が一つある形だが,$p = 0.5$ の場合は左右対称であり,$p = 0.1$ と $p = 0.7$ の場合はそれぞれ左側と右側に山が偏っている.一般に,二項分布 $B(n, p)$ の確率関数のグラフは山が一つある形をしており,その山は $p = 0.5$ ならば左右対称であり,p の値が 0 に近づくほど左側に偏り,p の値が 1 に近づくほど右側に偏る.

例題 3.2 2 個の正常なサイコロを投げるときに 1 の目が出るサイコロの個数を X とする.このとき,確率を計算して空欄を埋め,**表 3.6** を完成させよ.

表 3.6 X の確率分布

X	0	1	2	計
確率				

【解答】 2 個の正常なサイコロを投げる試行は,1 個の正常なサイコロを投げる試行を 2 回繰り返す反復試行として捉えられる.よって,1 個の正常なサイコロを投げるときに 1 の目が出る確率は $p = 1/6$ であるから,$X \sim B(2, 1/6)$ となる.よって

$$f(0) = P(X = 0) = {}_2C_0 \left(\frac{1}{6}\right)^0 \left(\frac{5}{6}\right)^2 = \frac{25}{36},$$

$$f(1) = P(X = 1) = {}_2C_1 \left(\frac{1}{6}\right)^1 \left(\frac{5}{6}\right)^1 = \frac{10}{36},$$

$$f(2) = P(X = 2) = {}_2C_2 \left(\frac{1}{6}\right)^2 \left(\frac{5}{6}\right)^0 = \frac{1}{36}$$

となる。よって，表 3.6 の空欄を埋めると，**表 3.7** のようになる。

表 3.7 X の確率分布

X	0	1	2	計
確率	$\dfrac{25}{36}$	$\dfrac{10}{36}$	$\dfrac{1}{36}$	1

二項分布の期待値と分散については，つぎのことが成り立つ。

二項分布の期待値と分散

二項分布 $B(n,p)$ に従う確率変数 X の期待値 $E(X)$ と分散 $V(X)$ は

$$E(X) = np, \qquad V(X) = np(1-p) \tag{3.11}$$

で与えられる。

例 3.4 例題 3.2 の確率変数 X は，二項分布 $B(2, 1/6)$ に従う確率変数である。式 (3.11) より，X の期待値 $E(X)$，分散 $V(X)$ の値は

$$E(X) = 2 \times \frac{1}{6} = \frac{1}{3}, \quad V(X) = 2 \times \frac{1}{6} \times \left(1 - \frac{1}{6}\right) = \frac{5}{18}$$

となる。実際，これらの値は，表 3.7 から式 (3.2), (3.7) を用いて求めた値

$$E(X) = 0 \times \frac{25}{36} + 1 \times \frac{10}{36} + 2 \times \frac{1}{36} = \frac{12}{36} = \frac{1}{3},$$
$$V(X) = E(X^2) - \{E(X)\}^2$$
$$= \left(0^2 \times \frac{25}{36} + 1^2 \times \frac{10}{36} + 2^2 \times \frac{1}{36}\right) - \left(\frac{1}{3}\right)^2 = \frac{10}{36} = \frac{5}{18}$$

と一致している。

このように式 (3.11) を用いると，二項分布 $B(n,p)$ に従う確率変数 X の期待値，分散，標準偏差の値は n と p から容易に求められるようになる。

例題 3.3 99 個の正常なサイコロを投げるとき，5 以上の目が出るサイコロの個数を X とする。このとき，X の期待値 $E(X)$，分散 $V(X)$，標準偏差 $\sigma(X)$ の値を求めよ。

【解答】 $X \sim B(99, 1/3)$ であるから，式 (3.11) より
$$E(X) = 99 \times \frac{1}{3} = 33, \quad V(X) = 99 \times \frac{1}{3} \times \left(1 - \frac{1}{3}\right) = 22,$$
$$\sigma(X) = \sqrt{V(X)} = \sqrt{22}$$
となる。 ◇

演習問題 3.2

【1】 2 枚の正常な硬貨を同時に投げる試行を 4 回繰り返すとき，2 枚とも表が出る回数を X とする。このとき，確率を計算して空欄を埋め，**表 3.8** を完成させよ。

表 3.8 X の確率分布

X	0	1	2	3	4	計
確率						1

【2】 赤球 7 個，白球 3 個が入っている袋から無作為に球を 1 個取り出し，色を確認してから袋に戻す操作を 100 回繰り返すとき，赤球を取り出す回数を X とする。このとき，X の期待値 $E(X)$ と分散 $V(X)$ の値を求めよ。

3.4 ポアソン分布

この節では，まれな現象が一定時間内に起きる回数の確率分布であるポアソン分布について紹介する。例えば，貴金属店 A における 10 分間の来客数，B 市で 1 日に発生する死亡事故の件数，1 時間に C 家に電話がかかってくる回数などはポアソン分布に従う確率変数であると考えられる。

A をまれな現象とし，一定時間内に現象 A が起きる平均回数を λ とする。このとき，一定時間内に現象 A が起きる回数を X とすると，X がとり得る値は

すべての 0 以上の整数であり，X の確率関数 $f(x) = P(X = x)$ は

$$f(x) = \begin{cases} \dfrac{\lambda^x}{x!} e^{-\lambda} & (x = 0, 1, 2, 3, \cdots), \\ 0 & (\text{それ以外}) \end{cases} \quad (3.12)$$

で与えられることが知られている。ここで，e はネピアの数

$$e = \lim_{t \to 0}(1+t)^{1/t} = 2.718281828459045\cdots \quad (3.13)$$

を表す。一般に，正の実数 λ に対して，この $f(x)$ が確率関数であるような確率分布を**ポアソン分布**といい，$Po(\lambda)$ で表す。確率変数 X の確率分布がポアソン分布 $Po(\lambda)$ であることを $X \sim Po(\lambda)$ と表記し，X はポアソン分布 $Po(\lambda)$ に従うという。ここでは，一定時間内に現象が起きる回数について述べたが，「時間」を「距離」や「面積」などに置き換えても同様である。また，X をポアソン分布 $Po(\lambda)$ に従う確率変数とすると，X の期待値 $E(X)$ と分散 $V(X)$ の値は

$$E(X) = \lambda, \qquad V(X) = \lambda \quad (3.14)$$

となることが知られている。

図 **3.5** は，$\lambda = 1, 5, 10$ の場合にポアソン分布 $Po(\lambda)$ の確率関数 $y = f(x)$ のグラフを描いたものである。この図を見るとわかるように，ポアソン分布 $Po(\lambda)$ の確率関数のグラフは山が一つある形をしており，その山の形状は λ の値が 0 に近づくほど左側に偏った高く鋭い形になり，λ の値が大きくなるほど低くゆるやかになりながら左右対称な形に近づく。

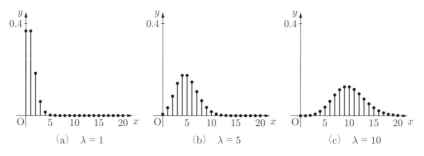

図 **3.5** ポアソン分布 $Po(\lambda)$ の確率関数のグラフ

例題 3.4 ある家には1時間に平均3回の頻度で電話がかかってくるとする。これから1時間の間にこの家に電話がかかってくる回数を X とするとき,X に関する確率

$$P(X=0), \qquad P(X \leq 2), \qquad P(3 \leq X)$$

を求めよ。ただし,X はポアソン分布に従うものとする。

【解答】 $X \sim Po(3)$ であるから

$$P(X=0) = f(0) = \frac{3^0}{0!}e^{-3} = e^{-3} \fallingdotseq 2.7182^{-3} \fallingdotseq 0.04979,$$
$$P(X \leq 2) = f(0) + f(1) + f(2)$$
$$= \frac{3^0}{0!}e^{-3} + \frac{3^1}{1!}e^{-3} + \frac{3^2}{2!}e^{-3} = \frac{17}{2}e^{-3} \fallingdotseq \frac{17}{2} \times 2.7182^{-3} \fallingdotseq 0.4232$$

となる。そして,余事象の確率の性質を用いると

$$P(3 \leq X) = 1 - P(X \leq 2) = 1 - \frac{17}{2}e^{-3} \fallingdotseq 0.5768$$

となる。 ◇

さて,まれな現象 A が一定時間内に起きる平均回数が λ であるとき,A が一定時間内に起きる回数 X がポアソン分布 $Po(\lambda)$ に従う理由を説明しよう。n を正の整数とし,**図 3.6** のように一定時間を n 等分して n 個の時間帯に分ける。A はまれな現象であるから,

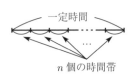

図 3.6 一定時間の分割

n を十分大きくすると1個の時間帯で現象 A が起きる回数は1回以下となり,n 個の時間帯のうち A が起きる時間帯の個数と X は等しくなる。そして,各時間帯で A が1回以下しか起きないとすると,1個の時間帯で A が起きる確率は λ/n であり,n 個の時間帯のうち A が起きる時間帯の個数 X は二項分布 $B(n, \lambda/n)$ に従うと考えられる。よって,つぎのポアソン分布と二項分布の関係により,一定時間内に現象 A が起こる回数 X はポアソン分布 $Po(\lambda)$ に従うと考えてよいことがわかる。

3.4 ポアソン分布

> **ポアソン分布と二項分布の関係**
>
> 二項分布 $B(n,p)$ の期待値 $np = \lambda$ を固定して $n \to \infty$, $p \to 0$ とするとき,二項分布 $B(n,p)$ はポアソン分布 $Po(\lambda)$ に限りなく近づく。

証明 $np = \lambda$ より $p = \lambda/n$ と表せる。よって,$B(n, \lambda/n)$ と $Po(\lambda)$ の確率関数をそれぞれ $f_n(x)$ と $f(x)$ とおくとき,$\lim_{n \to \infty} f_n(x) = f(x)$ が成立することを示せばよい。0 以上の整数 x に対して

$$\lim_{n \to \infty} f_n(x) = \lim_{n \to \infty} {}_n C_x \left(\frac{\lambda}{n}\right)^x \left(1 - \frac{\lambda}{n}\right)^{n-x}$$

であるから

$$\lim_{n \to \infty} {}_n C_x \left(\frac{\lambda}{n}\right)^x = \lim_{n \to \infty} \frac{n(n-1)(n-2)\cdots(n-x+1)}{x!} \cdot \frac{\lambda^x}{n^x}$$

$$= \lim_{n \to \infty} \frac{\lambda^x}{x!} \left(1 - \frac{1}{n}\right)\left(1 - \frac{2}{n}\right) \cdots \left(1 - \frac{x-1}{n}\right) = \frac{\lambda^x}{x!},$$

$$\lim_{n \to \infty} \left(1 - \frac{\lambda}{n}\right)^{n-x} = \lim_{t \to 0} (1+t)^{(-\lambda/t)-x} = \lim_{t \to 0} \left\{(1+t)^{1/t}\right\}^{-\lambda} \times (1+t)^{-x}$$

$$= e^{-\lambda} \times 1 = e^{-\lambda} \quad \left(\text{一つめの等号では } t = \frac{-\lambda}{n} \text{ とおいた}\right)$$

より,$\lim_{n \to \infty} f_n(x) = \frac{\lambda^x}{x!} e^{-\lambda} = f(x)$ となる。 ♠

ポアソン分布と二項分布の関係により,n が十分大きく p が十分小さいとき,二項分布 $B(n,p)$ は期待値 $\lambda = np$ のポアソン分布 $Po(\lambda)$ で近似できる。

例題 3.5 10 枚の正常な硬貨を同時に投げる試行において,10 枚とも表が出る確率は 1/1024 である。ポアソン分布と二項分布の関係を利用して,この試行を 1024 回繰り返すときに少なくとも 1 回は 10 枚とも表が出る確率の近似値を求めよ。

【解答】 10 枚の正常な硬貨を同時に投げる試行を 1024 回繰り返すとき,10 枚とも表が出る回数を X とする。このとき,求める確率は $P(1 \leq X)$ であり,X は二項分布 $B(1024, 1/1024)$ に従う。$\lambda = np = 1024 \times 1/1024 = 1$ より,二項分布 $B(1024, 1/1024)$ はポアソン分布 $Po(1)$ で近似できるから

$$P(1 \leqq X) = 1 - P(X=0) \fallingdotseq 1 - \frac{1^0}{0!}e^{-1} \fallingdotseq 1 - 2.7182^{-1} \fallingdotseq 0.6321$$

となる。 $\diamondsuit$

演習問題 3.3

【1】 ある自動車の車種は，走行距離 20000 km 当り 1 回の割合で故障する。この車種の自動車で 20000 km 走行するとき，その自動車が故障する回数 X はポアソン分布に従うものとして，2 回以上故障する確率 $P(2 \leqq X)$ の値を求めよ。

【2】 ある工場で製造された電卓には，平均すると 1000 個に 3 個の割合で不良品がある。ポアソン分布と二項分布の関係を利用して，この工場から 2000 個の電卓を仕入れるときに不良品が 3 個以下である確率の近似値を求めよ。

3.5　いろいろな離散型確率分布

離散型確率分布は，二項分布とポアソン分布以外にもさまざまなものが存在する。この節では，その他の代表的な離散型確率分布を簡単に紹介しよう。

3.5.1　離散型一様分布

a, b は $a < b$ を満たす整数とする。確率変数 X のとり得る値が $a, a+1, a+2, \cdots, b$ であり，それぞれの値をとる確率は等しいとすると，X の確率関数 $f(x) = P(X = x)$ は

$$f(x) = \begin{cases} \dfrac{1}{b-a+1} & (x = a, a+1, a+2, \cdots, b), \\ 0 & (その他) \end{cases} \tag{3.15}$$

であり，$y = f(x)$ のグラフは図 **3.7** のようになる。一般に，この $f(x)$ が確率関数であるような確率分布を**離散型一様分布**または**一様分布**という。この離散

型一様分布に従う確率変数 X の期待値 $E(X)$ と分散 $V(X)$ は

$$E(X) = \frac{a+b}{2},$$
$$V(X) = \frac{(b-a)(b-a+2)}{12} \quad (3.16)$$

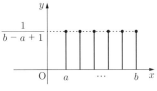

図 **3.7** 離散型一様分布の概形

で与えられる．1個の正常なサイコロを投げるときに出る目 X は，離散型一様分布に従う確率変数の典型的な例である．

3.5.2 超幾何分布

M 個の不良品を含む N 個の製品の山から無作為に1個の製品を取り出して検査し，その製品を山には戻さないという操作を n 回繰り返すとき，不良品を取り出す回数 X の確率関数 $f(x) = P(X = x)$ は

$$f(x) = \begin{cases} \dfrac{{}_M\mathrm{C}_x \,{}_{N-M}\mathrm{C}_{n-x}}{{}_N\mathrm{C}_n} & \begin{pmatrix} x \text{ は } 0 \leq n-x \leq N-M \\ \text{と } 0 \leq x \leq M \text{ を満たす整数} \end{pmatrix}, \\ 0 & (\text{その他}) \end{cases}$$
(3.17)

で与えられる．一般に，$0 < M < N$ および $0 < n < N$ を満たす整数 N, M, n に対して，この $f(x)$ が確率関数であるような確率分布を**超幾何分布**といい，$HG(N, M; n)$ で表す．超幾何分布 $HG(N, M; n)$ に従う確率変数 X の期待値 $E(X)$ と分散 $V(X)$ は

$$E(X) = \frac{nM}{N}, \qquad V(X) = \frac{n(N-n)M(N-M)}{N^2(N-1)} \quad (3.18)$$

で与えられる．

超幾何分布は二項分布と密接な関わりを持つ確率分布である．M 個の不良品を含む N 個の製品の山から無作為に1個の製品を取り出して検査し，その製品を山に戻すという操作を n 回繰り返すとき，不良品を取り出す回数 Y は二項分布 $B(n, M/N)$ に従う．また，M と $N - M$ が n よりも十分大きいとき，超

幾何分布 $HG(N, M; n)$ は二項分布 $B(n, M/N)$ で近似できることが知られている。

演習問題 3.4

【1】 赤球と白球が 20 個ずつ入っている袋から無作為に 4 個の球を同時に取り出すとき，赤球をちょうど 2 個取り出す確率を求めよ。

3.6 連続型確率分布

本節では，連続型確率変数（とり得る値が連続的な実数値である確率変数）の基本事項について学ぶ。以下では，$a < b$ を満たす実数 a, b に対して，a 以上 b 以下の実数全体の集合を $[a, b]$ と表記し，a 以上 b 未満の実数全体の集合を $[a, b)$ と表記する。$[a, b]$ や $[a, b)$ を**区間**という。

まずは簡単な具体例を考えよう。点 O を中心とする円周状の溝をつくり，その溝の内側に定点 A をとる。図 3.8 のように，この円周状の溝に球を転がして自然に停止するのを待ち，停止したときの球の中心と点 O を結ぶ線分と線分 OA のなす角を X とする。ただし，球は溝の中を転がって一様に減速して停止するとし，角 X は線分 OA から反時計回りに測り，$0 \leq X < 2\pi$ とする。

図 3.8 円周状の溝を転がる球

このとき，X がとり得る値は $0 \leq x < 2\pi$ を満たす実数 x 全体であり，X が個々の値をとる確率 $P(X = x)$ は一定であると考えられる。もし，X が個々の値をとる確率 $P(X = x)$ が正の値であるとすると，とり得る値の個数は無限にあるので，それらの確率の総和は無限大となってしまう。したがって，すべての x に対して $P(X = x) = 0$ でなければならない。このように連続型確率変数

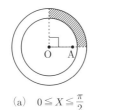
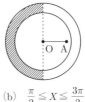

(a) $0 \leqq X \leqq \frac{\pi}{2}$　　(b) $\frac{\pi}{2} \leqq X \leqq \frac{3\pi}{2}$

図 **3.9** 球の中心の位置と X の範囲

の場合には個々の値をとる確率は 0 になるため，確率は「区間」に関するものを考える．例えば，確率 $P(0 \leqq X \leqq \pi/2)$ と $P(\pi/2 \leqq X \leqq 3\pi/2)$ はそれぞれ停止した球の中心が図 **3.9** の斜線部の範囲にある確率だから

$$P\left(0 \leqq X \leqq \frac{\pi}{2}\right) = \frac{1}{4}, \qquad P\left(\frac{\pi}{2} \leqq X \leqq \frac{3\pi}{2}\right) = \frac{1}{2}$$

となる．一般に，幅 h の区間 $[x, x+h]$ が区間 $[0, 2\pi)$ に含まれるとき，X が幅 h の区間 $[x, x+h]$ に属する値をとる確率 $P(x \leqq X \leqq x+h)$ は，区間 $[x, x+h]$ が区間 $[0, 2\pi)$ において占める割合と一致するので

$$P(x \leqq X \leqq x+h) = \frac{h}{2\pi} \qquad (3.19)$$

図 **3.10** 区間の比較

となる（図 **3.10**）．この連続型確率変数の確率分布は，連続型一様分布と呼ばれる（3.8.1 項参照）．

さて，一般の連続型確率変数 X について考えよう．一般には，X が個々の値をとる確率は一定ではないので，式 (3.19) のように確率 $P(x \leqq X \leqq x+h)$ が区間の幅 h に比例するとは限らない．しかし，区間の幅 h が微小であるときには確率 $P(x \leqq X \leqq x+h)$ は近似的に h に比例すると考えられるだろう．

このような場合，ある関数 $f(x)$ に対して

$$P(x \leqq X \leqq x+h) \fallingdotseq f(x)h \qquad (3.20)$$

となり，この近似は微小な幅 h が小さくなるほど精度が高くなる．式 (3.20) の右辺は図 **3.11** の斜線部のような長方形の面積として表せるので，$a < b$ を満たす実数 a, b に対して，区間 $[a, b]$ を細かく分割して式 (3.20) の近似を用いる

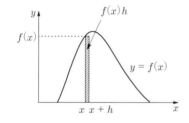
図 3.11 面積 $f(x)h$ の長方形

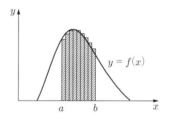
図 3.12 長方形の面積の和

と，確率 $P(a \leqq X \leqq b)$ は図 3.12 の斜線部のような長方形の面積の和で近似される．区間 $[a,b]$ の分割を細かくするほど近似の精度は高くなり，長方形の面積の和は図 3.13 のように曲線 $y = f(x)$ と x 軸および 2 直線 $x = a, x = b$ で囲まれた部分の面積に近づく．

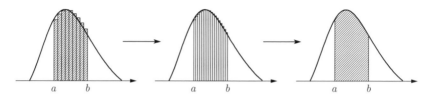
図 3.13 分割の細分化と長方形の面積の和

よって，確率 $P(a \leqq X \leqq b)$ は曲線 $y = f(x)$ と x 軸および 2 直線 $x = a$, $x = b$ で囲まれた部分の面積と等しくなると考えられる，すなわち

$$P(a \leqq X \leqq b) = \int_a^b f(x)\,dx \tag{3.21}$$

となる（図 3.14）．また，確率は 0 以上であることと全事象の確率は 1 であることから，$f(x)$ は

$$f(x) \geqq 0, \quad \int_{-\infty}^{\infty} f(x)\,dx = 1 \tag{3.22}$$

という性質を持つことがわかる．

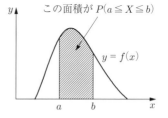
図 3.14 確率密度関数と確率

一般に，連続型確率変数 X に対して，式 (3.21) と式 (3.22) を満たす関数 $f(x)$ を X の**確率密度関数**という．確率密度関数は連続型確率変数の確率分布を定めるものであり，離散型確率変数の確率関数に対応するものである．離散型確率変数の場合に確

率関数についての和で表されるものは，連続型確率変数の場合には，確率密度関数についての積分で表されることが多い．

例題 3.6 X を連続型確率変数とし，X の確率密度関数 $f(x)$ を

$$f(x) = \begin{cases} \dfrac{2}{9}x & (0 \leq x \leq 3), \\ 0 & (その他) \end{cases}$$

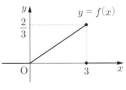

図 3.15 確率密度関数のグラフ

とする（図 3.15）．このとき，$P(1 \leq X \leq 2)$ と $P(2 \leq X)$ の値を求めよ．

【解答】 確率密度関数 $f(x)$ の定義より

$$P(1 \leq X \leq 2) = \int_1^2 f(x)\,dx = \int_1^2 \frac{2}{9}x\,dx$$
$$= \left[\frac{1}{9}x^2\right]_1^2 = \frac{4}{9} - \frac{1}{9} = \frac{1}{3}$$

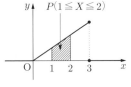

図 3.16 グラフと確率

となる（図 3.16）．

また，$f(x)$ の値は $3 < x$ のときは 0 であるから

$$P(2 \leq X) = \int_2^\infty f(x)\,dx = \int_2^3 \frac{2}{9}x\,dx$$
$$= \left[\frac{1}{9}x^2\right]_2^3 = \frac{9}{9} - \frac{4}{9} = \frac{5}{9}$$

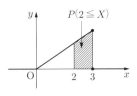

図 3.17 グラフと確率

となる（図 3.17）．

◇

連続型確率変数の期待値，分散，標準偏差を定義しよう．連続型確率変数 X の確率密度関数を $f(x)$ とする．このとき

$$E(X) = \int_{-\infty}^\infty x f(x)\,dx \tag{3.23}$$

で定まる $E(X)$ を X の **期待値** または **平均** という．期待値 $E(X)$ は μ と表記されることもある．また，$(X - \mu)^2$ の期待値

$$V(X) = E((X - \mu)^2) = \int_{-\infty}^\infty (x - \mu)^2 f(x)\,dx \tag{3.24}$$

を X の**分散**といい，X の分散 $V(X)$ の 0 以上の平方根 $\sigma(X) = \sqrt{V(X)}$ を X の**標準偏差**という。分散 $V(X)$，標準偏差 $\sigma(X)$ はそれぞれ σ^2，σ と表記されることもある。期待値，分散，標準偏差の意味するところは，離散型確率変数の場合と同じである。

例題 3.7 X を例題 3.6 の連続型確率変数とするとき，X の期待値 $E(X)$，分散 $V(X)$，標準偏差 $\sigma(X)$ の値を求めよ。

【解答】 X の期待値 $E(X)$，分散 $V(X)$，標準偏差 $\sigma(X)$ は

$$E(X) = \int_{-\infty}^{\infty} x f(x)\,dx = \int_0^3 \frac{2}{9} x^2 \,dx = \left[\frac{2}{27}x^3\right]_0^3 = 2,$$

$$V(X) = \int_{-\infty}^{\infty} (x-2)^2 f(x)\,dx = \int_0^3 \frac{2}{9} x(x-2)^2\,dx$$

$$= \frac{2}{9}\int_0^3 (x^3 - 4x^2 + 4x)\,dx = \frac{2}{9}\left[\frac{1}{4}x^4 - \frac{4}{3}x^3 + 2x^2\right]_0^3$$

$$= \frac{2}{9}\left(\frac{81}{4} - 36 + 18\right) = \frac{1}{2},$$

$$\sigma(X) = \sqrt{V(X)} = \sqrt{\frac{1}{2}} = \frac{\sqrt{2}}{2}$$

となる。 $\diamondsuit$

3.2 節の式 (3.4), (3.5), (3.7)〜(3.9) は連続型確率変数 X に対しても成立する。X の確率密度関数を $f(x)$ とするとき，X^2 の期待値 $E(X^2)$ は

$$E(X^2) = \int_{-\infty}^{\infty} x^2 f(x)\,dx \tag{3.25}$$

と表せるので，式 (3.7) を用いると，例題 3.7 の分散 $V(X)$ の計算は

$$V(X) = E(X^2) - \{E(X)\}^2 = \left(\int_{-\infty}^{\infty} x^2 f(x)\,dx\right) - 2^2$$

$$= \left(\int_0^3 \frac{2}{9} x^3\,dx\right) - 4 = \left[\frac{1}{18}x^4\right]_0^3 - 4 = \frac{9}{2} - 4 = \frac{1}{2}$$

となり，少し簡単になる。連続型確率変数 X に対する式 (3.4), (3.5), (3.7)〜(3.9) の証明を得るには，それぞれの離散型確率変数の場合の証明において，確

率関数についての和で表されている部分を確率密度関数についての積分に置き換えればよい．例えば，式 (3.7) の証明は

$$\begin{aligned} V(X) &= \int_{-\infty}^{\infty} (x-\mu)^2 f(x)\,dx = \int_{-\infty}^{\infty} (x^2 - 2x\mu + \mu^2) f(x)\,dx \\ &= \int_{-\infty}^{\infty} x^2 f(x)\,dx - 2\mu \int_{-\infty}^{\infty} x f(x)\,dx + \mu^2 \int_{-\infty}^{\infty} f(x)\,dx \\ &= E(X^2) - 2\mu \times \mu + \mu^2 \times 1 = E(X^2) - \mu^2 \end{aligned}$$

により得られる．ここで，四つめの等号では

$$\int_{-\infty}^{\infty} x^2 f(x)\,dx = E(X^2), \quad \int_{-\infty}^{\infty} x f(x)\,dx = \mu, \quad \int_{-\infty}^{\infty} f(x)\,dx = 1$$

を用いた．

演習問題 3.5

【1】 連続型確率変数 X の確率密度関数 $f(x)$ が

$$f(x) = \begin{cases} \dfrac{1}{36}(9 - x^2) & (-3 \leq x \leq 3), \\ 0 & (その他) \end{cases}$$

であるとき，つぎの問に答えよ．
(1) X に関する確率 $P(0 \leq X)$ と $P(1 \leq X \leq 2)$ の値を求めよ．
(2) X の期待値 $E(X)$，分散 $V(X)$，標準偏差 $\sigma(X)$ の値を求めよ．

3.7 正 規 分 布

この節では，統計学を学ぶ上で最も重要な確率分布である正規分布を紹介する．この確率分布は，19 世紀最大の数学者といわれるガウスが測定誤差の法則を表すものとして発見したことからガウス分布とも呼ばれる．

μ を実数とし，σ を正の実数とする．連続型確率変数 X の確率密度関数が

$$f(x) = \frac{1}{\sqrt{2\pi}\sigma} e^{-\frac{(x-\mu)^2}{2\sigma^2}} \tag{3.26}$$

であるとき，X の確率分布を**正規分布**といい，$N(\mu, \sigma^2)$ で表す。確率変数 X の確率分布が正規分布 $N(\mu, \sigma^2)$ であることを $X \sim N(\mu, \sigma^2)$ と表記し，X は正規分布 $N(\mu, \sigma^2)$ に従うという。正規分布 $N(\mu, \sigma^2)$ に従う確率変数 X の期待値と分散は

$$E(X) = \int_{-\infty}^{\infty} x f(x)\, dx = \mu, \quad (3.27)$$

$$V(X) = \int_{-\infty}^{\infty} (x - \mu)^2 f(x)\, dx = \sigma^2 \quad (3.28)$$

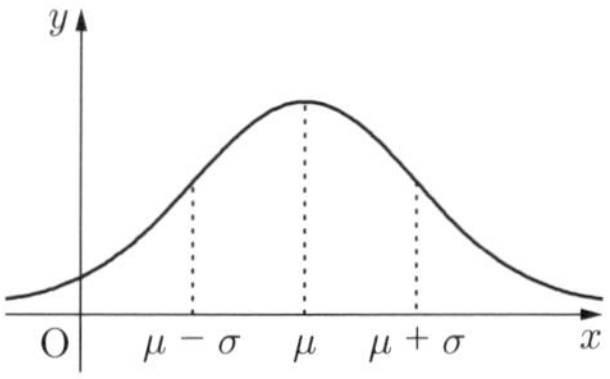

図 **3.18** 正規分布の概形

となる。正規分布 $N(\mu, \sigma^2)$ の確率密度関数 $y = f(x)$ は $x = \mu$ で最大値をとり，そのグラフは図 **3.18** のようになる。また，曲線 $y = f(x)$ は直線 $x = \mu$ について対称な山の形をしており，x 軸を漸近線として持つ。

図 **3.19** を見るとわかるように，期待値 μ が変化すると確率分布の中心の位置が変化する。また，図 **3.20** を見るとわかるように，標準偏差 σ が大きくなるほど曲線の山は低くゆるやかになり，σ が小さくなるほど曲線の山は高く鋭くなる。

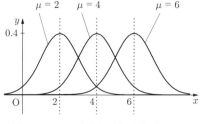

図 **3.19** μ の変化と正規分布（$\sigma = 1$）

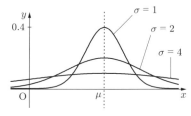

図 **3.20** σ の変化と正規分布

X を正規分布 $N(\mu, \sigma^2)$ に従う確率変数とするとき

$$P(|X - \mu| \leqq \sigma) = 0.6826, \quad (3.29)$$

$$P(|X - \mu| \leqq 2\sigma) = 0.9544, \quad (3.30)$$

$$P(|X - \mu| \leqq 3\sigma) = 0.9974 \quad (3.31)$$

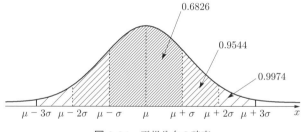

図 **3.21** 正規分布の確率

となることが知られており，これらの確率は期待値 μ と標準偏差 σ から正規分布の全体像を把握するときの目安になる（図 **3.21**）。

3.7.1 標準正規分布

期待値 $\mu = 0$，分散 $\sigma^2 = 1$ の正規分布 $N(0,1)$ を**標準正規分布**という。標準正規分布 $N(0,1)$ の確率密度関数は

$$f(z) = \frac{1}{\sqrt{2\pi}} e^{-\frac{z^2}{2}} \tag{3.32}$$

であり，$y = f(z)$ のグラフは図 **3.22** のような y 軸に対称な曲線になる。

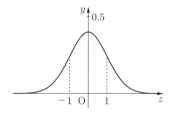

図 **3.22** $N(0,1)$ の確率密度関数

Z を標準正規分布 $N(0,1)$ に従う確率変数とする，すなわち

$$Z \sim N(0,1) \tag{3.33}$$

とする。標準正規分布 $N(0,1)$ の確率密度関数 $y = f(z)$ のグラフは y 軸に対称であるから，Z に関する確率について

$$P(-z_0 \leq Z \leq 0) = P(0 \leq Z \leq z_0) \qquad (z_0 \text{は正の数}),$$

$$P(Z \leq 0) = P(0 \leq Z) = 0.5 \quad (\text{全事象の確率 1 の半分})$$

が成立する（図 **3.23**）。

正の数 z_0 に対する確率 $P(0 \leq Z \leq z_0)$ の値（図 **3.24**）は，巻末の付録にある標準正規分布表 1（表 **A.1**）にまとめられている。

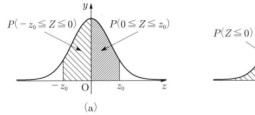

図 **3.23** 標準正規分布 $N(0,1)$ の対称性と確率

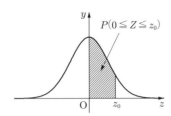

図 **3.24** 標準正規分布表 1 の確率

例題 3.8 $Z \sim N(0,1)$ とするとき,以下の確率を求めよ.

(1) $P(-1.72 \leqq Z \leqq 0)$ (2) $P(-1.7 \leqq Z \leqq 0.4)$

(3) $P(1.25 \leqq Z)$ (4) $P(-2 \leqq Z)$

【解答】 標準正規分布表 1 を用いて計算すると,以下のようになる.
(1) $P(-1.72 \leqq Z \leqq 0) = P(0 \leqq Z \leqq 1.72) = 0.4573$
(2) 図 **3.25** を参考に確率を分割して考えると

$$P(-1.7 \leqq Z \leqq 0.4) = P(-1.7 \leqq Z \leqq 0) + P(0 \leqq Z \leqq 0.4)$$

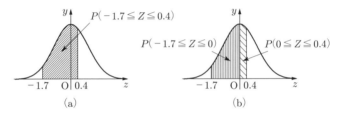

図 **3.25** 確率の分割

$$= P(0 \leq Z \leq 1.7) + P(0 \leq Z \leq 0.4)$$
$$= 0.4554 + 0.1554 = 0.6108$$

(3) 図 **3.26** を参考に確率を分割して考えると

$$P(1.25 \leq Z) = P(0 \leq Z) - P(0 \leq Z \leq 1.25) = 0.5 - 0.3944 = 0.1056$$

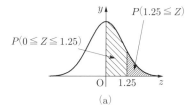
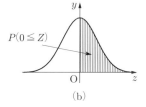

図 **3.26** 確率の分割

(4) 図 **3.27** を参考に確率を分割して考えると

$$P(-2 \leq Z) = P(-2 \leq Z \leq 0) + P(0 \leq Z)$$
$$= P(0 \leq Z \leq 2) + P(0 \leq Z) = 0.4772 + 0.5 = 0.9772$$

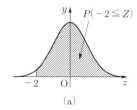
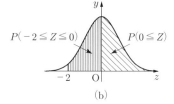

図 **3.27** 確率の分割

◇

標準正規分布 $N(0,1)$ に従う確率変数 Z と確率 α に対して，$P(z_\alpha \leq Z) = \alpha$ で定まる正の数 z_α を標準正規分布 $N(0,1)$ の**上側 $100\alpha\%$ 点**という（図 **3.28**）。

上側 $100\alpha\%$ 点は後の章で統計的推測をする際に重要な役割を果たす。標準正規分布 $N(0,1)$ の上側 $100\alpha\%$ 点 z_α の値は巻末の付録にある標準正規分布表 2（**表 A.2**）にまとめられている。

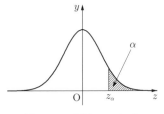

図 **3.28** 上側 $100\alpha\%$ 点

例題 3.9 $Z \sim N(0,1)$ とするとき

$$P(a \leqq Z) = 0.1, \ P(Z \leqq b) = 0.218, \ P(-c \leqq Z \leqq c) = 0.7$$

を満たす実数 a, b, c の値を求めよ。

【解答】 標準正規分布表 2 より $a = z_{0.1} = 1.282$ を得る。

$P(Z \leqq b) = 0.218$ より $P(-b \leqq Z) = 0.218$ となる（図 **3.29**）。よって，標準正規分布表 2 より $-b = z_{0.218} = 0.779$ となるから $b = -0.779$ を得る。

$$P(-c \leqq Z \leqq c) = 1 - P(c \leqq Z) - P(Z \leqq -c) = 1 - 2P(c \leqq Z)$$

であるから，$P(-c \leqq Z \leqq c) = 0.7$ より $P(c \leqq Z) = \dfrac{1-0.7}{2} = 0.15$ となる（図 **3.30**）。よって，標準正規分布表 2 より $c = z_{0.15} = 1.036$ を得る。

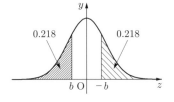

図 **3.29** 標準正規分布と確率

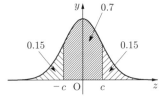

図 **3.30** 標準正規分布と確率

◇

演習問題 3.6

【1】 $Z \sim N(0,1)$ とするとき，つぎの確率の値を求めよ。

(1) $P(-1.43 \leqq Z \leqq 0)$ (2) $P(-2.13 \leqq Z \leqq 1.87)$

(3) $P(1.26 \leqq Z \leqq 2.55)$ (4) $P(Z \leqq 2.14)$

【2】 $Z \sim N(0,1)$ とするとき

$$P(a \leqq Z) = 0.2, \quad P(-b \leqq Z \leqq b) = 0.9, \quad P(Z \leqq c) = 0.756$$

を満たす実数 a, b, c の値を求めよ。

3.7.2 確率変数の標準化

確率変数 X の期待値を $E(X) = \mu$, 標準偏差を $\sigma(X) = \sigma$ とするとき

$$Z = \frac{X - \mu}{\sigma} \tag{3.34}$$

で定まる確率変数 Z を考える。式 (3.4) と式 (3.5) より

$$E(Z) = E\left(\frac{X - \mu}{\sigma}\right) = \frac{E(X) - \mu}{\sigma} = \frac{\mu - \mu}{\sigma} = 0, \tag{3.35}$$

$$V(Z) = V\left(\frac{X - \mu}{\sigma}\right) = \frac{1}{\sigma^2} V(X) = \frac{\sigma^2}{\sigma^2} = 1 \tag{3.36}$$

となり, Z の期待値は 0, 標準偏差は 1 であることがわかる。この Z を X を**標準化**した確率変数という。このとき, $X = \mu + \sigma Z$ であるから, X の確率分布は Z の確率分布と期待値 μ, 標準偏差 σ によって定まる。特に, 正規分布に従う確率変数の標準化について, つぎのことが成立する。

正規分布の標準化

確率変数 X が正規分布 $N(\mu, \sigma^2)$ に従うとき, X を標準化した確率変数 $Z = \dfrac{X - \mu}{\sigma}$ は標準正規分布 $N(0, 1)$ に従う。

例題 3.10 確率変数 X が $N(10, 4^2)$ に従うとき, つぎの問に答えよ。

(1) 確率 $P(10 \leqq X \leqq 12.6)$ の値を求めよ。

(2) 確率 $P(6.2 \leqq X)$ の値を求めよ。

(3) $P(8 \leqq X \leqq a) = 0.5822$ を満たす a の値を求めよ。

【解答】 $Z = \dfrac{X-10}{4}$ とおくと，$Z \sim N(0,1)$ である。

(1) $P(10 \leqq X \leqq 12.6) = P\left(\dfrac{10-10}{4} \leqq \dfrac{X-10}{4} \leqq \dfrac{12.6-10}{4}\right)$
$= P(0 \leqq Z \leqq 0.65) = 0.2422$

(2) $P(6.2 \leqq X) = P\left(\dfrac{6.2-10}{4} \leqq \dfrac{X-10}{4}\right)$
$= P(-0.95 \leqq Z) = P(-0.95 \leqq Z \leqq 0) + P(0 \leqq Z)$
$= P(0 \leqq Z \leqq 0.95) + P(0 \leqq Z) = 0.3289 + 0.5 = 0.8289$

(3) $P(8 \leqq X \leqq a) = P\left(\dfrac{8-10}{4} \leqq \dfrac{X-10}{4} \leqq \dfrac{a-10}{4}\right)$
$= P\left(-0.5 \leqq Z \leqq \dfrac{a-10}{4}\right)$
$= P(-0.5 \leqq Z \leqq 0) + P\left(0 \leqq Z \leqq \dfrac{a-10}{4}\right)$
$= 0.1915 + P\left(0 \leqq Z \leqq \dfrac{a-10}{4}\right) = 0.5822$

であるから $P\left(0 \leqq Z \leqq \dfrac{a-10}{4}\right) = 0.3907$

よって，$\dfrac{a-10}{4} = 1.23$，すなわち，$a = 14.92$ ◇

演習問題 3.7

【1】 $X \sim N(5,4)$ とするとき，つぎの確率の値を求めよ。

(1) $P(5 \leqq X \leqq 7.7)$ (2) $P(1.86 \leqq X)$
(3) $P(0.18 \leqq X \leqq 2.56)$ (4) $P(11.1 \leqq X)$

3.7.3 正規分布による二項分布の近似

二項分布 $B(n,p)$ に従う確率変数 X の期待値は np，分散は $np(1-p)$ であったことを思い出しておこう。n が十分大きいとき，二項分布 $B(n,p)$ は，期待値 np と分散 $np(1-p)$ を持つ正規分布で近似されることが知られている。

正規分布による二項分布の近似

n が十分大きいとき，二項分布 $B(n,p)$ は正規分布 $N(np, np(1-p))$ によって近似される。

3.7 正規分布

n が大きいときには,二項分布の確率の計算は非常に手間がかかるものになるが,この近似を用いれば,その計算を大きく簡略化することができる。本書では,経験的な結論として

$$np \geqq 5 \quad かつ \quad n(1-p) \geqq 5 \tag{3.37}$$

を満たすとき,この近似を用いてよいとする。

正規分布による二項分布の近似を具体例で確認しておこう。X を二項分布 $B(n,p)$ に従う確率変数とし,底辺の長さが 1 の長方形を用いて X に関する確率のヒストグラムを描く。図 **3.31** は $p=1/4$, $n=10$ の場合のヒストグラムである。このヒストグラムでは,連続型確率変数の場合のように面積が X に関する確率を表している。一

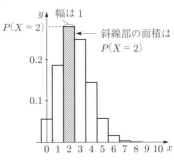

図 **3.31** 二項分布 $B(10, 1/4)$

方,Y を正規分布 $N(np, np(1-p))$ に従う確率変数とする。$p=1/4$, $n=10$, 20, 40 の場合に,上記のような X に関する確率のヒストグラムと Y の確率密度関数のグラフを重ねると図 **3.32** のようになる。

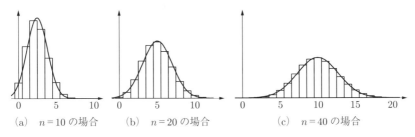

図 **3.32** 正規分布による二項分布の近似

図 3.32 を見ると,n が大きくなるほど X に関する確率のヒストグラムは Y の確率密度関数のグラフに近づいており,二項分布 $B(n,p)$ が正規分布 $N(np, np(1-p))$ によって近似されることが確認できる。

つぎに,近似の精度を高めてくれる連続補正というものを紹介しよう。

$p = 1/4, n = 40$ の場合は式 (3.37) を満たしており, 上記のヒストグラムとグラフのずれは十分小さくなっている. この場合に X に関する確率 $P(6 \leq X \leq 9)$ を Y に関する確率で近似することを考えよう. 通常は, $P(6 \leq X \leq 9)$ を $P(6 \leq Y \leq 9)$ で近似するのだが, **図 3.33** を見るとわかるように, $P(6 \leq Y \leq 9)$ よりも, ヒストグラムの長方形の幅を考慮した $P(5.5 \leq Y \leq 9.5)$ の方が $P(6 \leq X \leq 9)$ に近い値をとる.

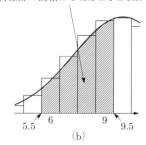

図 3.33　連続補正

一般に, n, p が式 (3.37) を満たしているとき, $a \leq b$ を満たす整数 a, b に対して, 通常の近似式

$$P(a \leq X \leq b) \fallingdotseq P(a \leq Y \leq b) \tag{3.38}$$

よりも, Y の範囲の両端を 0.5 ずつ広く補正した式

$$P(a \leq X \leq b) \fallingdotseq P(a - 0.5 \leq Y \leq b + 0.5) \tag{3.39}$$

の方が精度の高い近似式になる. この補正を**連続補正**または**半整数補正**という. n が非常に大きい場合には, 連続補正による精度の変化は小さいものになるので, 連続補正をせずに通常の近似式 (3.38) を用いて確率を計算してもよい.

例題 3.11　1 枚の正常な硬貨を 100 回投げて, 表が出る回数を X とする. 正規分布による二項分布の近似を用いて, $P(40 \leq X \leq 60)$ の近似値を求めよ. ただし, 近似値は連続補正をして求めるものとする.

【解答】 $X \sim B(100, 1/2)$ であり，X の期待値 $E(X)$ と分散 $V(X)$ は

$$E(X) = 100 \times \frac{1}{2} = 50, \quad V(X) = 100 \times \frac{1}{2} \times \left(1 - \frac{1}{2}\right) = 25 = 5^2$$

となる．よって，$B(100, 1/2)$ は正規分布 $N(50, 5^2)$ で近似される．Y を正規分布 $N(50, 5^2)$ に従う確率変数とすると，$P(40 \leqq X \leqq 60)$ の近似値は

$$\begin{aligned}
P(40 \leqq X \leqq 60) &\fallingdotseq P(39.5 \leqq Y \leqq 60.5) \\
&= P\left(\frac{39.5 - 50}{5} \leqq \frac{Y - 50}{5} \leqq \frac{60.5 - 50}{5}\right) \\
&= P(-2.1 \leqq Z \leqq 2.1) = 2P(0 \leqq Z \leqq 2.1) \\
&= 2 \times 0.4821 = 0.9642
\end{aligned}$$

となる．ただし，上の計算において，$Z = \dfrac{Y - 50}{5} \sim N(0, 1)$ とする． ◇

ちなみに，正規分布による近似を用いずに，例題 3.11 の確率 $P(40 \leqq X \leqq 60)$ の値を計算すると

$$P(40 \leqq X \leqq 60) = P(X = 40) + P(X = 41) + \cdots + P(X = 60) = 0.96479 \cdots$$

であり，かなり正確な値が得られたことがわかる．

演習問題 3.8

【1】 1個の正常なサイコロを 50 回投げるとき，3 の倍数の目が出る回数を X とする．このとき，正規分布による二項分布の近似を用いて，X に関する確率 $P(10 \leqq X \leqq 20)$ と $P(15 \leqq X)$ の近似値を求めよ．ただし，近似値は連続補正をして求めるものとする．

【2】 ある花の種子の発芽率は 36% であるという．この植物の種子を花壇に 2500 粒まいたとき，正規分布による二項分布の近似を用いて，930 粒以上の種子が発芽する確率の近似値を求めよ（ただし，近似値は連続補正をせずに求めてよい）．

3.8 いろいろな連続型確率分布

連続型確率分布は，正規分布以外にもさまざまなものが存在する。この節では，その他の代表的な連続型確率分布を簡単に紹介する。

3.8.1 連続型一様分布

a, b は $a < b$ を満たす実数とする。X を区間 $[a, b]$ から無作為に選ばれる実数とする。このとき，X の確率密度関数は

$$f(x) = \begin{cases} \dfrac{1}{b-a} & (a \leqq x \leqq b), \\ 0 & (その他) \end{cases} \tag{3.40}$$

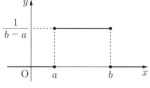

図 **3.34** 連続型一様分布の概形

であり，$y = f(x)$ のグラフは図 **3.34** のようになる。一般に，この $f(x)$ が確率密度関数であるような確率分布を**連続型一様分布**または**一様分布**という。この連続型一様分布に従う確率変数 X の期待値 $E(X)$ と分散 $V(X)$ は

$$E(X) = \frac{a+b}{2}, \qquad V(X) = \frac{(b-a)^2}{12} \tag{3.41}$$

で与えられる。

3.8.2 指数分布

ここで紹介する指数分布は，3.4 節で紹介したポアソン分布と表と裏のような関係にある確率分布である。まれな現象 A が単位時間内に起きる平均回数を λ とすると，現象 A が単位時間内に起きる回数はポアソン分布 $Po(\lambda)$ に従う。このとき，相次いで起こる現象 A の時間間隔 X の確率密度関数は

$$f(x) = \begin{cases} \lambda e^{-\lambda x} & (x \geq 0) \\ 0 & (x < 0) \end{cases} \quad (3.42)$$

であり，$y = f(x)$ のグラフの概形は図 **3.35** のようになることが知られている．一般に，正の実数 λ に対して，この $f(x)$ が確率密度関数であるような確率分布を**指数分布**といい，$Exp(\lambda)$ で表す．

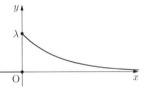

図 **3.35** 指数分布の概形

指数分布 $Exp(\lambda)$ に従う確率変数 X の期待値 $E(X)$ と分散 $V(X)$ は

$$E(X) = \frac{1}{\lambda}, \qquad V(X) = \frac{1}{\lambda^2} \quad (3.43)$$

で与えられる．

演習問題 **3.9**

【1】 ある店の営業時間中の 1 時間当りの平均来客数は 2 人である．この店に客が来店する時間間隔が指数分布に従うとき，その店の店員の待ち時間が 1 時間以上 2 時間以下である確率を求めよ．

4 標本分布

　社会調査などでは，必要となる労力や費用などが膨大になるなどの理由で，全数調査を行うことが難しい場合がある。そのような場合，対象となる集団の一部だけを調べて，その集団全体について推測するという方法をとる。しかし，その集団の一部を調べただけでは必ずしも正しい結論が得られるとは限らない。このような方法を客観的に意味のあるものにするために，本章以降では，確率分布をもとに対象となる集団について推測する**推測統計**の基本的な考え方を学ぶ。本章ではその準備として，母集団や標本を確率論的に捉える方法を学ぶ。

4.1 標本調査

　推測統計では，統計調査を行うときの調査対象全体を**母集団**という。母集団に属する個々の対象を**個体**といい，個体の総数を母集団の大きさという。大きさが有限である母集団を**有限母集団**，大きさが無限である母集団を**無限母集団**という。例えば，日本人の身長について調査する場合は，日本人全体が母集団であり，身長という個体の**特性**を考えることになる。母集団全体について推測するために，母集団から一部の個体を抜き出して調べることを**標本調査**という（図 4.1）。調査のために母集団から抜き出された個体（個体の特性値）の集合を**標本**といい，母集団から標本を抜き出すことを**抽出**という。また，標本に含まれる個体の個数を**標本の大きさ**という。母集団の性質を標本に反映させるためには，標本を偏りなく抽出する必要がある。抽出される確率がどの個体も同じになるように，母集団から偏りなく標本を抽出することを**無作為抽出**という。

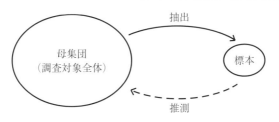

図 4.1 標本調査

これは，母集団内の各特性値をそれぞれの確率で抽出することである．無作為抽出された標本を**無作為標本**という．

大きさ n の標本を無作為抽出するとき，1個の個体を取り出すたびに母集団に戻し，この操作を n 回繰り返して抽出することを**復元抽出**という．これに対して，母集団に戻さずに個体を1個ずつ n 回続けて取り出すか，一度に n 個の個体を取り出して抽出することを**非復元抽出**という．母集団の大きさが標本の大きさに比べて十分に大きいときは復元抽出において2回以上同じ個体を取り出す確率は無視できるほど小さくなるため，復元抽出と非復元抽出の違いはほとんどないと考えてよい．

4.2 母集団分布と標本分布

この節では，母集団分布と標本分布を紹介する．母集団から無作為に選ばれる個体の特性 X は確率変数とみなせる．この X の確率分布を**母集団分布**という．また，X の期待値 $E(X) = \mu$ を**母平均**，分散 $V(X) = \sigma^2$ を**母分散**，標準偏差 $\sigma(X) = \sigma$ を**母標準偏差**という．母平均，母分散，母標準偏差などのように母集団分布の特徴を表す数値を**母数**という．また，母集団分布が正規分布 $N(\mu, \sigma^2)$ である母集団を**正規母集団**といい，母平均 μ と母分散 σ^2 を明示したい場合には「正規母集団 $N(\mu, \sigma^2)$」と表記する．

例 4.1 ある高校の1年生200人を対象に行われた5点満点の小テストの結果を度数分布表にまとめると，**表 4.1** のようになった．

表 4.1　小テストの得点

得点〔点〕	0	1	2	3	4	5	合計
度数	4	16	22	42	66	50	200
相対度数	0.02	0.08	0.11	0.21	0.33	0.25	1

母集団をこの 1 年生 200 人の集団，特性を小テストの得点とするとき，この 1 年生 200 人から無作為に選ばれた 1 人の小テストの得点 X〔点〕の確率分布が母集団分布である．この X のとり得る値は 0, 1, 2, 3, 4, 5 であり，確率関数 $f(x) = P(X = x)$ の値は x 点の相対度数と一致する．よって，母平均 μ，母分散 σ^2，母標準偏差 σ は

$$\begin{aligned}
\mu &= 0 \times 0.02 + 1 \times 0.08 + 2 \times 0.11 \\
&\quad + 3 \times 0.21 + 4 \times 0.33 + 5 \times 0.25 = 3.5, \\
\sigma^2 &= (0^2 \times 0.02 + 1^2 \times 0.08 + 2^2 \times 0.11 + 3^2 \times 0.21 \\
&\quad + 4^2 \times 0.33 + 5^2 \times 0.25) - 3.5^2 = 1.69, \\
\sigma &= \sqrt{1.69} = 1.3
\end{aligned}$$

であり，これらの値は 1 章で学んだデータとしての平均値，分散，標準偏差とそれぞれ一致する．

例 4.1 の高校 1 年生 200 人の母集団から標本として 4 人の生徒を復元抽出し，それぞれの小テストの得点 X_1, X_2, X_3, X_4 を記録する．この操作を何回も繰り返すと，**表 4.2** のように得点 X_1, X_2, X_3, X_4 の値は操作のたびに変化し，X_1, X_2, X_3, X_4 は確率変数とみなせることがわかる．

表 4.2　得点 $X_1 \sim X_4$ の値

No.	X_1	X_2	X_3	X_4
1	4	2	3	5
2	2	5	1	3
3	5	4	3	4
4	3	1	4	5
⋮	⋮	⋮	⋮	⋮

一般に，大きさ n の無作為標本 $X_1, X_2, \cdots, X_n$ の一つひとつは，母集団から無作為抽出された個体の特性値をとる確率変数とみなせる．それぞれの X_j に関する事象がその他の $n-1$ 個の確率変数に関する事象とつねに独立である

とき，確率変数 $X_1, X_2, \cdots, X_n$ は互いに**独立**であるという．標本を復元抽出する場合や無限母集団の場合には，大きさ n の無作為標本 $X_1, X_2, \cdots, X_n$ は互いに独立であり，また，各 X_j は同一の母集団分布に従う確率変数である．

大きさ n の無作為標本 $X_1, X_2, \cdots, X_n$ の関数 $T = f(X_1, X_2, \cdots, X_n)$ を**統計量**という．代表的な統計量をいくつか紹介しよう．まず

$$\overline{X} = \frac{1}{n}\sum_{j=1}^{n} X_j, \qquad S^2 = \frac{1}{n}\sum_{j=1}^{n}(X_j - \overline{X})^2, \qquad S = \sqrt{S^2} \qquad (4.1)$$

で定まる統計量 $\overline{X}, S^2, S$ をそれぞれ**標本平均**，**標本分散**，**標本標準偏差**という．大きさ n の無作為標本 $X_1, X_2, \cdots, X_n$ の実現値（具体的な値）をそれぞれ $x_1, x_2, \cdots, x_n$ とするとき，$\overline{X}, S^2, S$ の実現値はそれぞれ，n 個の実現値 $x_1, x_2, \cdots, x_n$ の平均値 $\overline{x}$，分散 s^2，標準偏差 s である．また，標本分散 S^2 に $n/(n-1)$ を掛けて補正した統計量

$$U^2 = \frac{n}{n-1}S^2 = \frac{1}{n-1}\sum_{j=1}^{n}(X_j - \overline{X})^2 \qquad (4.2)$$

を**不偏分散**という．この補正は，5 章で紹介する「不偏性」という性質を持つようにするためのものである．不偏分散 U^2 の 0 以上の平方根を $U = \sqrt{U^2}$ と表記する．また，U^2, U の実現値をそれぞれ u^2, u と表記する．1.3 節で紹介した n 個のデータの分散の場合と同じように，標本分散 S^2 と不偏分散 U^2 はそれぞれ

$$S^2 = \frac{1}{n}\left(\sum_{j=1}^{n} X_j^2 - n\overline{X}^2\right), \quad U^2 = \frac{1}{n-1}\left(\sum_{j=1}^{n} X_j^2 - n\overline{X}^2\right) \qquad (4.3)$$

と表すこともできる．

例題 4.1 ある大学において 1 年生 5 名を無作為に選んで 50 m 走のタイムを測定したところ，記録はそれぞれ

$$7.5, \qquad 8.2, \qquad 6.8, \qquad 7.4, \qquad 8.5 \qquad 〔秒〕$$

であった。これらを大きさ 5 の無作為標本の実現値として,標本平均 $\overline{X}$ と不偏分散 U^2 の実現値を求めよ。

【解答】 標本平均 $\overline{X}$ の実現値 $\overline{x}$ は

$$\overline{x} = \frac{1}{5}(7.5 + 8.2 + 6.8 + 7.4 + 8.5) = \frac{1}{5} \times 38.4 = 7.68$$

であり,偏差の 2 乗和を求めると,**表 4.3** のようになる。

表 4.3 不偏分散の計算

x	7.5	8.2	6.8	7.4	8.5	計
$x - \overline{x}$	-0.18	0.52	-0.88	-0.28	0.82	0
$(x - \overline{x})^2$	0.0324	0.2704	0.7744	0.0784	0.6724	1.828

よって,不偏分散 U^2 の実現値 u^2 は $u^2 = \dfrac{1}{5-1} \times 1.828 = 0.457$ となる。 ◇

統計量は大きさ n の無作為標本 $X_1, X_2, \cdots, X_n$ の関数であるから,統計量自体も確率変数とみなせる。統計量の確率分布を**標本分布**という。母集団分布と標本平均 $\overline{X}$ の標本分布がどのような関係になっているかについて紹介しよう。正規母集団の場合はつぎのことが成り立つ。

標本平均の標本分布(正規母集団の場合)

正規母集団 $N(\mu, \sigma^2)$ から復元抽出された大きさ n の無作為標本の標本平均 $\overline{X}$ は正規分布 $N(\mu, \sigma^2/n)$ に従う。すなわち

$$Z = \frac{\overline{X} - \mu}{\frac{\sigma}{\sqrt{n}}} \sim N(0, 1) \tag{4.4}$$

となる。

例えば,正規母集団 $N(8, 4^2)$ から抽出された大きさ 25 の無作為標本の標本平均 $\overline{X}$ の標本分布は $N(8, 0.8^2)$ である(**図 4.2**)。

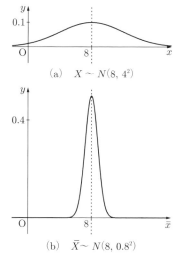

(a) $X \sim N(8, 4^2)$

(b) $\overline{X} \sim N(8, 0.8^2)$

図 4.2 母集団分布と標本平均の標本分布

例題 4.2 ある大学の男子学生の体重〔kg〕は正規分布 $N(65, 5^2)$ に従っている。この大学の男子学生 4 人を無作為に選ぶとき,その 4 人の平均体重 $\overline{X}$〔kg〕が 60 kg 以下である確率を求めよ。

【**解答**】 $\overline{X} \sim N(65, 5^2/4)$ より,$\overline{X}$ を標準化した確率変数

$$Z = \frac{\overline{X} - 65}{\dfrac{5}{\sqrt{4}}} = \frac{\overline{X} - 65}{2.5}$$

は標準正規分布 $N(0,1)$ に従う。よって,標準正規分布表 1(表 A.1)より

$$P(\overline{X} \leqq 60) = P\left(\frac{\overline{X} - 65}{2.5} \leqq \frac{60 - 65}{2.5}\right) = P(Z \leqq -2) = P(2 \leqq Z)$$
$$= P(0 \leqq Z) - P(0 \leqq Z \leqq 2) = 0.5 - 0.4772 = 0.0228$$

となる。 ◇

一般に,母平均 μ,母分散 σ^2 の母集団から大きさ n の無作為標本を復元抽出する場合には,その標本平均 $\overline{X}$ の期待値は母平均 μ に等しく,分散は σ^2/n に等しくなることが知られている。また,母平均 μ,母分散 σ^2,大きさ N の

有限母集団から大きさ n の無作為標本を非復元抽出する場合には，その標本平均 $\overline{X}$ の期待値と分散は

$$E(\overline{X}) = \mu, \qquad V(\overline{X}) = \frac{N-n}{N-1} \cdot \frac{\sigma^2}{n} \tag{4.5}$$

となることが知られている。ここで，n に対し N が十分大きいとき，$(N-n)/(N-1) \fallingdotseq 1$ となるので，分散は σ^2/n となる。これより，無限母集団では復元抽出でも非復元抽出でも同一の結果が得られる。また，標本の大きさ n が十分大きいときには $\overline{X}$ の分散は非常に小さい値になるため，$\overline{X}$ はほぼ確実に母平均 μ に近い値をとる。これを**大数の法則**という。さらに，標本の大きさが十分大きい場合の理論として，つぎの中心極限定理が知られている。

中心極限定理

母平均 μ，母分散 σ^2 の母集団から抽出された大きさ n の無作為標本の標本平均を $\overline{X}$ とする。標本の大きさ n が十分大きいとき，$\overline{X}$ の確率分布は正規分布 $N(\mu, \sigma^2/n)$ によって近似される。すなわち，近似的に

$$Z = \frac{\overline{X} - \mu}{\frac{\sigma}{\sqrt{n}}} \sim N(0, 1) \tag{4.6}$$

となる。

中心極限定理は母集団分布に関係なく成り立つという点において重要な定理であり，統計的推測の基礎となるものである。本書では，標本の大きさ n が $n \geq 30$ を満たすとき，式 (4.6) の近似を用いてよいものとする。

例題 4.3 ある国で行われた国勢調査の結果，世帯人員数の平均は 3.5 人，標準偏差は 1.2 人であった。この国で無作為に 36 世帯を選ぶとき，その 36 世帯の世帯人員数の平均 $\overline{X}$ が 4 人以下である確率を求めよ。

【解答】 中心極限定理より，近似的に $\overline{X} \sim N(3.5, 1.2^2/36)$ となるから

$$Z = \frac{\overline{X} - 3.5}{\frac{1.2}{\sqrt{36}}} = \frac{\overline{X} - 3.5}{0.2} \sim N(0, 1)$$

とみなしてよい。よって, 標準正規分布表1（表A.1）より

$$P(\overline{X} \leqq 4) = P\left(\frac{\overline{X} - 3.5}{0.2} \leqq \frac{4 - 3.5}{0.2}\right) = P(Z \leqq 2.5)$$
$$= P(Z \leqq 0) + P(0 \leqq Z \leqq 2.5) = 0.5 + 0.4938 = 0.9938$$

である。

演習問題 4.1

【1】 ある袋詰めの塩は，内容量が1000gと表示されている。この袋詰めの塩を6袋購入して，それぞれの内容量を調べたところ

    1000.4,   1001.3,   1002.8,   1002.7,   1003.3,   1001.5 〔g〕

という結果を得た。これらを大きさ6の無作為標本の実現値として，標本平均 $\overline{X}$ と不偏分散 U^2 の実現値を求めよ。

【2】 ある大学の女子学生の身長〔cm〕は正規分布 $N(159, 6^2)$ に従っている。この大学の女子学生9人を無作為に選ぶとき，その9人の平均身長が160cm以上である確率を求めよ。

【3】 ある職人がつくるねじの重さの平均は5gであり，標準偏差は0.05gであるとする。この職人が100本のねじをつくるとき，その100本のねじの重さの平均が4.99g以上5.01g以下である確率を求めよ。

4.3 母比率と標本比率

ある工場の製品全体を母集団とするとき，この母集団は「良品」と「不良品」という二つのカテゴリーに分けられる。このように母集団が二つのカテゴリーに分けられる場合に，一方のカテゴリーを A として，個体が A に属するときは値1，個体が A に属さないときは値0をとる確率変数を考える。このとき，母集団において A に属する個体が占める割合 p を A の**母比率**といい，その母集

団を**二項母集団**という．母比率 p の二項母集団から無作為に選ばれた標本を X とすると

$$P(X=1)=p, \qquad P(X=0)=1-p \tag{4.7}$$

であり，母集団分布はベルヌーイ分布 $B(1,p)$ となる．そのため，母比率 p の二項母集団を「二項母集団 $B(1,p)$」と表記することもある．また，式 (3.11) より，母平均は $\mu=p$，母分散は $\sigma^2=p(1-p)$ である．

例 4.2 （母比率の例）

(1) 母集団を日本の有権者全体とし，カテゴリー A を「内閣を支持する」とするとき，日本における内閣支持率が A の母比率である．

(2) 1 枚の硬貨を投げる試行で起こり得る結果全体を母集団とし，カテゴリー A を「表が出る」とするとき，その硬貨を投げるときに表が出る確率 p が A の母比率である．

本節の冒頭で述べた確率変数（個体が A に属するときは 1，属さないときは 0 をとる）を考える．カテゴリー A の母比率が p である二項母集団から復元抽出された大きさ n の無作為標本 $X_1, X_2, \cdots, X_n$ について，その和 $X_1+X_2+\cdots+X_n$ は標本に含まれる A に属する個体の個数であり，$X_1, X_2, \cdots, X_n$ が互いに独立なので

$$X_1+X_2+\cdots+X_n \sim B(n,p) \tag{4.8}$$

となる．このとき，標本平均は標本において A に属する個体が占める割合を表すので，これを**標本比率**と呼び $\widehat{P}$ で表す．

$$\widehat{P}=\overline{X}=\frac{X_1+X_2+\cdots+X_n}{n} \tag{4.9}$$

中心極限定理より，つぎのことがわかる．

標本比率の標本分布の近似

母比率 p の二項母集団から抽出された大きさ n の無作為標本の標本比率を $\widehat{P}$ とする。中心極限定理より,n が十分大きいとき,$\widehat{P}$ の確率分布は正規分布 $N(p, p(1-p)/n)$ で近似される,すなわち,近似的に

$$Z = \frac{\widehat{P} - p}{\sqrt{\dfrac{p(1-p)}{n}}} \sim N(0, 1) \tag{4.10}$$

となる。

この近似は,n が十分大きいときには式 (4.8) の $X_1 + X_2 + \cdots + X_n$ が近似的に $N(np, np(1-p))$ に従うことを意味しており,3.7.3 項の正規分布による二項分布の近似と本質的に同じものである。よって,本書では式 (3.37) を満たすとき,式 (4.10) の近似を用いてよいものとする。

例題 4.4 国民の 60% が男性,40% が女性である国において,150 人の国民を無作為に選んだとき,その 45% 以上が女性である確率を求めよ。

【解答】 無作為に選ばれる国民 150 人のうち女性が占める割合 $\widehat{P}$ が 0.45 以上である確率 $P(0.45 \leq \widehat{P})$ を求めればよい。統計量

$$Z = \frac{\widehat{P} - 0.4}{\sqrt{\dfrac{0.4 \times (1 - 0.4)}{150}}} = \frac{\widehat{P} - 0.4}{0.04}$$

は近似的に標準正規分布 $N(0, 1)$ に従うから,標準正規分布表 1(表 A.1)より

$$P(0.45 \leq \widehat{P}) = P\left(\frac{0.45 - 0.4}{0.04} \leq \frac{\widehat{P} - 0.4}{0.04}\right) = P(1.25 \leq Z)$$
$$= P(0 \leq Z) - P(0 \leq Z \leq 1.25) = 0.5 - 0.3944 = 0.1056$$

である。

演習問題 4.2

【1】 A新聞社は無作為に選ばれた99人の有権者を対象にアンケートを実施し，ある法案に賛成する人の割合 $\widehat{P}$ を調べた。この法案に有権者全体の55%が賛成し，45%が反対しているとするとき，$\widehat{P} \geqq 0.5$ となる確率を求めよ。

4.4 正規母集団の標本分布

この節では，標準正規分布から導き出すことができる確率分布として，χ^2 分布，t 分布，F 分布を紹介する。これらの確率分布は，正規母集団から抽出された無作為標本の統計量の標本分布として，母数を推測する上で重要な役割を果たす。

4.4.1 χ^2 分布（カイ2乗分布）

$Z_1, Z_2, \cdots, Z_n$ を標準正規分布 $N(0,1)$ に従う互いに独立な確率変数とするとき

$$\chi^2 = \sum_{j=1}^{n} Z_j^2 = Z_1^2 + Z_2^2 + \cdots + Z_n^2 \tag{4.11}$$

で定まる確率変数 χ^2 の確率分布を自由度 n の **χ^2 分布**という。式 (4.11) の右辺は 0 以上の値しかとらないので，$P(\chi^2 \leqq 0) = 0$ となる。また，χ^2 分布の概形は図 **4.3** のような山が一つある形であり，自由度によって山の形状は異なることが知られている。

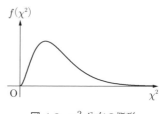

図 **4.3** χ^2 分布の概形

自由度 n の χ^2 分布に従う確率変数 χ^2 と確率 α に対して，$P(\chi_\alpha^2(n) \leqq \chi^2) = \alpha$ で定まる正の数 $\chi_\alpha^2(n)$ を χ^2 分布の上側 $100\alpha\%$ 点という（図 **4.4**）。χ^2 分布の上側 $100\alpha\%$ 点 $\chi_\alpha^2(n)$ の値は巻末の付録にある χ^2 分布表（表 **A.3**）にまとめられている。

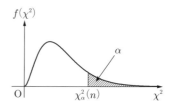

図 **4.4** χ^2 分布の上側 $100\alpha\%$ 点

4.4 正規母集団の標本分布

例題 4.5 χ^2 を自由度 6 の χ^2 分布に従う確率変数とするとき

$$P(a \leq \chi^2) = 0.1, \quad P(\chi^2 \leq b) = 0.1, \quad P(b \leq \chi^2 \leq c) = 0.85$$

を満たす正の数 a, b, c の値を求めよ.

【解答】 χ^2 分布表より $a = \chi^2_{0.1}(6) = 10.64$ を得る.
$P(\chi^2 \leq b) = 0.1$ より $P(b \leq \chi^2) = 0.9$ となる (図 4.5). よって, χ^2 分布表より $b = \chi^2_{0.9}(6) = 2.204$ を得る. また

$$P(c \leq \chi^2) = 1 - P(\chi^2 \leq b) - P(b \leq \chi^2 \leq c) = 1 - 0.1 - 0.85 = 0.05$$

であるから, χ^2 分布表より $c = \chi^2_{0.05}(6) = 12.59$ を得る (図 4.6).

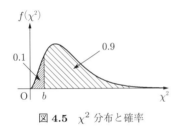 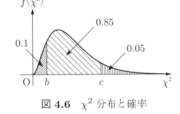

図 4.5 χ^2 分布と確率　　　図 4.6 χ^2 分布と確率

◇

χ^2 分布が標本分布として現れる例を一つ紹介しておこう. 正規母集団 $N(\mu, \sigma^2)$ から復元抽出された大きさ n の無作為標本を $X_1, X_2, \cdots, X_n$ とし, 標本平均を $\overline{X}$, 不偏分散を U^2 とする. 各 X_j を標準化した確率変数 $Z_j = \dfrac{X_j - \mu}{\sigma}$ は標準正規分布 $N(0, 1)$ に従うから, 確率変数

$$\sum_{j=1}^{n} Z_j^2 = \sum_{j=1}^{n} \left(\frac{X_j - \mu}{\sigma} \right)^2 \tag{4.12}$$

は自由度 n の χ^2 分布に従うことがわかる. このとき, 式 (4.12) の右辺において μ を $\overline{X}$ に置き換えて得られる統計量

$$\sum_{j=1}^{n} \left(\frac{X_j - \overline{X}}{\sigma} \right)^2 = \frac{1}{\sigma^2} \sum_{j=1}^{n} (X_j - \overline{X})^2 = \frac{(n-1)U^2}{\sigma^2} \tag{4.13}$$

の標本分布について，つぎのことが知られている。

―― χ^2 分布に従う統計量 ――――――――――――

正規母集団 $N(\mu, \sigma^2)$ から復元抽出された大きさ n の無作為標本の不偏分散を U^2 とする。このとき，統計量

$$\chi^2 = \frac{(n-1)U^2}{\sigma^2} \tag{4.14}$$

は自由度 $n-1$ の χ^2 分布に従う。

証明は省略するが，μ を $\overline{X}$ に置き換えた結果として，式 (4.13) は式 (4.12) より自由度が 1 低い χ^2 分布に従う確率変数になったのである。χ^2 分布に従う統計量 (4.14) は母分散の統計的推測をする際に用いられる。まとめとして，「χ^2 分布は母分散の統計的推測に使う」と覚えておこう。

例題 4.6 正規母集団 $N(8, 4^2)$ から抽出された大きさ 21 の無作為標本の不偏分散を U^2 とする。このとき，$P(k \leqq U^2) = 0.05$ を満たす正の数 k の値を求めよ。

【解答】 統計量

$$\chi^2 = \frac{(21-1)U^2}{4^2} = 1.25 U^2$$

は自由度 $21 - 1 = 20$ の χ^2 分布に従う。

$$P(k \leqq U^2) = P(1.25k \leqq 1.25 U^2) = P(1.25k \leqq \chi^2)$$

より $P(1.25k \leqq \chi^2) = 0.05$ だから，χ^2 分布表より $1.25k = \chi^2_{0.05}(20) = 31.41$ となる。よって，$k = 31.41/1.25 \fallingdotseq 25.13$ を得る。　　　　　　　　　◇

演習問題 4.3

【1】 χ^2 を自由度 23 の χ^2 分布に従う確率変数とするとき

$$P(a \leqq \chi^2) = 0.95, \ P(\chi^2 \leqq b) = 0.99, \ P(a \leqq \chi^2 \leqq c) = 0.9$$

を満たす正の数 a, b, c の値を求めよ。

4.4 正規母集団の標本分布

【2】 正規母集団 $N(\mu, 5^2)$ から抽出された大きさ 16 の無作為標本の不偏分散を U^2 とするとき,$P(U^2 \leq a) = 0.99$ を満たす正の数 a の値を求めよ。

4.4.2 t 分 布

Z を標準正規分布 $N(0, 1)$ に従う確率変数,χ^2 を自由度 n の χ^2 分布に従う確率変数とし,Z と χ^2 は独立であるとする。このとき

$$T = Z\sqrt{\frac{n}{\chi^2}} \tag{4.15}$$

で定まる確率変数 T の確率分布を自由度 n の **t 分布**という。T の確率密度関数 $y = f(t)$ のグラフの概形は図 **4.7** のような y 軸について対称な曲線であり,標準正規分布 $N(0, 1)$ の確率密度関数のグラフと似た特徴を持つことが知られている。

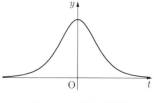

図 **4.7** t 分布の概形

また,自由度 n が十分大きいとき,t 分布は標準正規分布 $N(0, 1)$ で近似される。図 **4.8** は,座標平面上に自由度 $n = 1, 3, 15$ の t 分布の確率密度関数 $y = f(t)$ のグラフを実線で描き,標準正規分布 $N(0, 1)$ の確率密度関数のグラフを点線で描いたものである。この図を見ると,自由度 n が大きくなるほど,t 分布は標準正規分布 $N(0, 1)$ に近づいていくということがわかる。

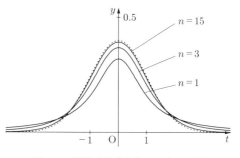

図 **4.8** 標準正規分布と t 分布の比較

自由度 n の t 分布に従う確率変数 T と確率 α に対して,$P(t_\alpha(n) \leq T) = \alpha$ で定まる正の数 $t_\alpha(n)$ を t 分布の上側 $100\alpha\%$ 点という(図 **4.9**)。

t 分布の上側 $100\alpha\%$ 点 $t_\alpha(n)$ の値は巻末の付録にある t 分布表(**表 A.4**)にまとめられている。

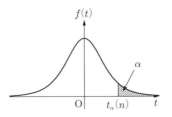

図 **4.9** t 分布の上側 $100\alpha\%$ 点

例題 4.7 T を自由度 7 の t 分布に従う確率変数とするとき

$$P(a \leq T) = 0.3, \qquad P(T \leq b) = 0.05, \qquad P(b \leq T \leq c) = 0.1$$

を満たす実数 a, b, c の値を求めよ。

【解答】 t 分布表より $a = t_{0.3}(7) = 0.5491$ を得る。
$P(T \leq b) = 0.05$ より $P(-b \leq T) = 0.05$ となる（図 **4.10**）。よって、t 分布表より $-b = t_{0.05}(7) = 1.895$ となるから、$b = -1.895$ を得る。また

$$P(-c \leq T) = P(T \leq c) = P(T \leq b) + P(b \leq T \leq c) = 0.05 + 0.1 = 0.15$$

となる（図 **4.11**）。よって、t 分布表より $-c = t_{0.15}(7) = 1.119$ となるから、$c = -1.119$ を得る。

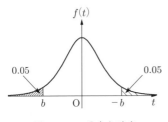

図 **4.10** t 分布と確率

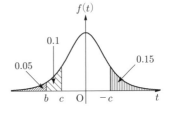

図 **4.11** t 分布と確率

◇

t 分布が標本分布として現れる例を一つ紹介しておこう。正規母集団 $N(\mu, \sigma^2)$ から復元抽出された大きさ n の無作為標本の標本平均を $\overline{X}$、不偏分散を U^2 とし、$U = \sqrt{U^2}$ とおく。このとき、標本平均 $\overline{X}$ は正規分布 $N(\mu, \sigma^2/n)$ に従う

から，$\overline{X}$ を標準化した確率変数

$$Z = \frac{\overline{X} - \mu}{\frac{\sigma}{\sqrt{n}}} \tag{4.16}$$

は標準正規分布 $N(0,1)$ に従う確率変数となる．このとき，式 (4.16) において σ を U に置き換えて得られる統計量 T の標本分布はつぎのようになる．

---
t 分布に従う統計量

正規母集団 $N(\mu, \sigma^2)$ から復元抽出された大きさ n の無作為標本の標本平均を $\overline{X}$，不偏分散を U^2 とし，$U = \sqrt{U^2}$ とおく．このとき，統計量

$$T = \frac{\overline{X} - \mu}{\frac{U}{\sqrt{n}}} \tag{4.17}$$

は自由度 $n-1$ の t 分布に従う．

証明の概略を述べておこう．4.4.1 項で紹介したように，統計量 $\chi^2 = \dfrac{(n-1)U^2}{\sigma^2}$ は自由度 $n-1$ の χ^2 分布に従う確率変数であるが，この χ^2 と式 (4.16) で定まる Z は独立であることが知られている．よって

$$T = Z\sqrt{\frac{n-1}{\chi^2}} = \frac{\overline{X} - \mu}{\frac{\sigma}{\sqrt{n}}} \sqrt{\frac{n-1}{\frac{(n-1)U^2}{\sigma^2}}} = \frac{\overline{X} - \mu}{\frac{\sigma}{\sqrt{n}}} \cdot \frac{1}{\frac{U}{\sigma}} = \frac{\overline{X} - \mu}{\frac{U}{\sqrt{n}}}$$

より，統計量 (4.17) は自由度 $n-1$ の t 分布に従うことがわかる．t 分布に従う統計量 (4.17) は母平均の統計的推測をする際に用いられる．まとめとして，「t 分布は母平均の統計的推測に使う」と覚えておこう．

例題 4.8 正規母集団 $N(\mu, \sigma^2)$ から抽出された大きさ 25 の無作為標本の標本平均を $\overline{X}$，不偏分散を U^2 とし，$U = \sqrt{U^2}$ とおく．このとき

$$P(-kU \leq \overline{X} - \mu \leq kU) = 0.95$$

を満たす正の数 k の値を求めよ．

【解答】 統計量

$$T = \frac{\overline{X} - \mu}{\frac{U}{\sqrt{25}}} = \frac{5(\overline{X} - \mu)}{U}$$

は自由度 $25 - 1 = 24$ の t 分布に従う。

$$P(-kU \leqq \overline{X} - \mu \leqq kU)$$
$$= P\left(-5k \leqq \frac{5(\overline{X} - \mu)}{U} \leqq 5k\right)$$
$$= P(-5k \leqq T \leqq 5k)$$

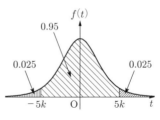

図 **4.12** t 分布と確率

より $P(-5k \leqq T \leqq 5k) = 0.95$ であるから

$$P(5k \leqq T) = \frac{1 - P(-5k \leqq T \leqq 5k)}{2} = \frac{1 - 0.95}{2} = 0.025$$

となる（図 **4.12**）。よって，t 分布表より $5k = t_{0.025}(24) = 2.064$ となるから，$k = 2.064/5 = 0.4128$ を得る。 ◇

演習問題 4.4

【1】 T を自由度 22 の t 分布に従う確率変数とするとき

$$P(a \leqq T) = 0.1, \quad P(T \leqq b) = 0.3, \quad P(-c \leqq T \leqq c) = 0.7$$

を満たす実数 a, b, c の値を求めよ。

【2】 正規母集団 $N(\mu, 5^2)$ から抽出された大きさ 16 の無作為標本の標本平均を $\overline{X}$，不偏分散を U^2 とし，$U = \sqrt{U^2}$ と置く。このとき

$$P(-aU \leqq \overline{X} - \mu \leqq aU) = 0.99$$

を満たす正の数 a の値を求めよ。

4.4.3 F 分 布

χ_1^2, χ_2^2 をそれぞれ自由度 m, n の χ^2 分布に従う互いに独立な確率変数とするとき

$$F = \frac{\dfrac{\chi_1^2}{m}}{\dfrac{\chi_2^2}{n}} \qquad (4.18)$$

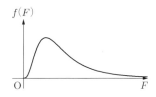

図 4.13 F 分布の概形

で定まる確率変数 F の確率分布を自由度 (m, n) の **F 分布**という。式 (4.18) からわかるように，$P(F \leqq 0) = 0$ であり，$1/F$ は自由度 (n, m) の F 分布に従う。また，F 分布の概形は図 **4.13** のような山が一つある形であり，山の形状は自由度によって異なることが知られている。

F を自由度 (m, n) の F 分布に従う確率変数とするとき，確率 α に対して，$P(F_\alpha(m, n) \leqq F) = \alpha$ で定まる正の数 $F_\alpha(m, n)$ を F 分布の上側 $100\alpha\%$ 点という（図 **4.14**）。

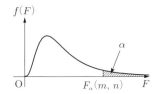

図 4.14 F 分布の上側 $100\alpha\%$ 点

$\alpha = 0.05, 0.025, 0.01, 0.005$ に対する F 分布の上側 $100\alpha\%$ 点 $F_\alpha(m, n)$ の値は巻末の付録にある F 分布表（表 **A.5**〜表 **A.8**）にまとめられている。また，$P(F \leqq 0) = 0$ であることに注意すると

$$P(F_\alpha(m, n) \leqq F) = \alpha \iff P(0 < F \leqq F_\alpha(m, n)) = 1 - \alpha$$
$$\iff P\left(\frac{1}{F_\alpha(m, n)} \leqq \frac{1}{F}\right) = 1 - \alpha$$

となる。一方，$1/F$ は自由度 (n, m) の F 分布に従うので

$$F_{1-\alpha}(n, m) = \frac{1}{F_\alpha(m, n)} \qquad (4.19)$$

が成り立つ。この等式を用いると，$\alpha = 0.95, 0.975, 0.99, 0.995$ に対する F 分布の上側 $100\alpha\%$ 点 $F_\alpha(m, n)$ の値も F 分布表から求めることができる。

例題 4.9 F を自由度 $(3,5)$ の F 分布に従う確率変数とするとき

$$P(a \leq F) = 0.05, \quad P(b \leq F) = 0.975, \quad P(F \leq c) = 0.99$$

を満たす正の数 a, b, c の値を求めよ。

【解答】 F 分布表 1（表 A.5）より $a = F_{0.05}(3,5) = 5.409$ を得る。
F 分布表 2（表 A.6）より

$$b = F_{0.975}(3,5) = \frac{1}{F_{0.025}(5,3)} = \frac{1}{14.88} \fallingdotseq 0.06720$$

を得る。

$P(c \leq F) = 1 - P(F \leq c) = 0.01$ であるから，F 分布表 3（表 A.7）より

$$c = F_{0.01}(3,5) = 12.06$$

を得る（図 4.15）。

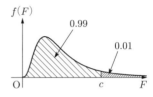

図 4.15 F 分布と確率

F 分布が標本分布として現れる例を一つ紹介しておこう。正規母集団 $N(\mu_1, \sigma_1^2)$ から復元抽出された大きさ n_1 の無作為標本の不偏分散を U_1^2 とし，正規母集団 $N(\mu_2, \sigma_2^2)$ から復元抽出された大きさ n_2 の無作為標本の不偏分散を U_2^2 とする。このとき，式 (4.14) より $\chi_1^2 = \dfrac{(n_1-1)U_1^2}{\sigma_1^2}, \chi_2^2 = \dfrac{(n_2-1)U_2^2}{\sigma_2^2}$ はそれぞれ自由度 $n_1 - 1, n_2 - 1$ の χ^2 分布に従う確率変数であり，互いに独立であるから

$$F = \frac{\dfrac{\chi_1^2}{n_1 - 1}}{\dfrac{\chi_2^2}{n_2 - 1}} = \frac{\dfrac{U_1^2}{\sigma_1^2}}{\dfrac{U_2^2}{\sigma_2^2}}$$

とおくと，つぎのことが成り立つ。

4.4 正規母集団の標本分布

F 分布に従う統計量

正規母集団 $N(\mu_1, \sigma_1^2)$ から復元抽出された大きさ n_1 の無作為標本の不偏分散を U_1^2 とし，正規母集団 $N(\mu_2, \sigma_2^2)$ から復元抽出された大きさ n_2 の無作為標本の不偏分散を U_2^2 とする。このとき，統計量

$$F = \frac{\dfrac{U_1^2}{\sigma_1^2}}{\dfrac{U_2^2}{\sigma_2^2}} \tag{4.20}$$

は自由度 $(n_1 - 1, n_2 - 1)$ の F 分布に従う。

F 分布に従う統計量 (4.20) は二つの母集団の母分散は異なるかどうかについて統計的推測をする際に用いられる。まとめとして，「F 分布は二つの母分散の比の統計的推測に使う」と覚えておこう。

演習問題 4.5

【1】 F を自由度 $(30, 20)$ の F 分布に従う確率変数とするとき

$$P(a \leq F) = 0.01, \quad P(b \leq F) = 0.995, \quad P(b \leq F \leq c) = 0.005$$

を満たす正の数 a, b, c の値を求めよ。

5 推定

「推定」とは，母集団から抽出された標本をもとに，母平均や母分散といった未知の母数の値を知ろうとすることである．例えば，テレビの視聴率とはある番組についてテレビを所有する世帯の何パーセントが視聴したかを表す数値であるが，すべての世帯を対象として調査しているわけではない．テレビを所有する全世帯（母集団）から，いくつかの世帯（標本）を選び出し，選ばれた世帯におけるその番組の視聴率をもとに，全世帯における視聴率を推定しているのである．本章では点推定および区間推定と呼ばれる二つの推定の方法を学ぶ．点推定とは未知の母数を一つの数値で推定すること，区間推定とは未知の母数が一定の確率で入るような区間を求めることである．

5.1 点推定

5.1.1 点推定の考え方

母集団から抽出された大きさ n の無作為標本を $X_1, X_2, \cdots, X_n$ とする．この標本から母集団の未知母数 θ を推定するために，$X_1, X_2, \cdots, X_n$ を変数とする統計量 $T(X_1, X_2, \cdots, X_n)$ をうまく選び，大きさ n の無作為標本の実現値 $x_1, x_2, \cdots, x_n$ を統計量に代入した $\widehat{\theta} = T(x_1, x_2, \cdots, x_n)$ が未知母数 θ の値であると推定する方法を**点推定**という．このとき，$T(X_1, X_2, \cdots, X_n)$ を θ の**推定量**，推定量の実現値 $\widehat{\theta}$ を**推定値**という．点推定をする際に重要なことは，推定量としてどのような統計量を選ぶかということである．例えば，つぎの例を考えてみよう．

例 5.1 K 大学の男子学生から 8 人を無作為抽出し,身長〔cm〕を測定したところ,つぎの結果が得られた。

164.8, 173.8, 169.9, 167.4, 178.4, 174.6, 178.1, 168.2

このデータをもとに K 大学の全男子学生の身長の平均 μ を推定したい。

直感的には,「標本平均」を母平均 μ の推定量として,μ の推定値を

$$\bar{x} = \frac{164.8+173.8+169.9+167.4+178.4+174.6+178.1+168.2}{8} = 171.9$$

とするのが自然に思えるが,例えば「中央値」を推定量とした推定値

$$\tilde{x} = \frac{169.9+173.8}{2} = 171.85$$

や「最大値と最小値の平均」を推定量とした推定値

$$\hat{x} = \frac{164.8+178.4}{2} = 171.6$$

なども候補として考えられるであろう。このように推定量の候補は複数存在するのだが,できるだけ良い性質を持った推定量を選ぶことが重要である。では実際に点推定を行う場合,何を基準として推定量を選べばよいだろうか。次項では,推定量として望まれる性質である,不偏性,有効性,一致性を紹介する。

5.1.2 不偏性,有効性,一致性

未知母数 θ の推定量 $T(X_1, X_2, \cdots, X_n)$ が

$$E(T(X_1, X_2, \cdots, X_n)) = \theta \tag{5.1}$$

を満たすとき,この推定量 $T(X_1, X_2, \cdots, X_n)$ を**不偏推定量**という。式 (5.1) は推定量の期待値が母数に等しいこと,つまり推定量が平均的に未知母数を当てていることを意味している。この性質を**不偏性**という(図 **5.1**,図 **5.2**)。

例題 5.1 不偏分散 U^2 は母分散 σ^2 の不偏推定量であることを示せ。

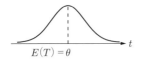
図 **5.1** 不偏性がある場合の T の分布

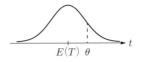
図 **5.2** 不偏性がない場合の T の分布

【解答】 母集団から抽出された大きさ n の無作為標本を $X_1, X_2, \cdots, X_n$ とし，標本平均を $\overline{X}$，母平均を μ とすると，不偏分散 U^2 は

$$U^2 = \frac{1}{n-1}\sum_{j=1}^n (X_j - \overline{X})^2 = \frac{1}{n-1}\sum_{j=1}^n \{(X_j - \mu) - (\overline{X} - \mu)\}^2$$

$$= \frac{1}{n-1}\left\{\sum_{j=1}^n (X_j - \mu)^2 - 2(\overline{X} - \mu)\sum_{j=1}^n (X_j - \mu) + n(\overline{X} - \mu)^2\right\}$$

$$= \frac{1}{n-1}\left\{\sum_{j=1}^n (X_j - \mu)^2 - 2(\overline{X} - \mu)(n\overline{X} - n\mu) + n(\overline{X} - \mu)^2\right\}$$

$$= \frac{1}{n-1}\left\{\sum_{j=1}^n (X_j - \mu)^2 - n(\overline{X} - \mu)^2\right\}$$

と書ける。したがって，$V(X_j) = \sigma^2$ $(j=1,2,\cdots,n)$ であることと式 (3.4)，(3.8) より

$$E(U^2) = \frac{1}{n-1}\sum_{j=1}^n E((X_j - \mu)^2) - \frac{n}{n-1}E((\overline{X} - \mu)^2)$$

$$= \frac{1}{n-1}\sum_{j=1}^n V(X_j) - \frac{n}{n-1}V(\overline{X})$$

$$= \frac{n}{n-1}\sigma^2 - \frac{n}{n-1}\cdot\frac{\sigma^2}{n}$$

$$= \sigma^2$$

となる。よって，不偏分散 U^2 は母分散 σ^2 の不偏推定量である。 ◇

例題 5.2 母平均 μ，母分散 σ^2 の母集団から抽出された大きさ 3 の無作為標本を X_1, X_2, X_3 とするとき

$$T_1 = X_1 + X_2 - X_3, \quad T_2 = \frac{X_1 + X_2 + X_3}{3}, \quad T_3 = \frac{4X_1 - 2X_2 + 3X_3}{5}$$

はいずれも μ の不偏推定量であることを示せ.

【解答】 X_1, X_2, X_3 は母平均が μ である母集団からの無作為標本なので,$E(X_1) = E(X_2) = E(X_3) = \mu$ である. したがって, 式 (3.4), (3.8) より

$$E(T_1) = E(X_1) + E(X_2) - E(X_3) = \mu + \mu - \mu = \mu,$$
$$E(T_2) = \frac{1}{3}(E(X_1) + E(X_2) + E(X_3)) = \frac{1}{3} \times 3\mu = \mu,$$
$$E(T_3) = \frac{4}{5}E(X_1) - \frac{2}{5}E(X_2) + \frac{3}{5}E(X_3) = \frac{4}{5}\mu - \frac{2}{5}\mu + \frac{3}{5}\mu = \mu$$

となるので, いずれも μ の不偏推定量である. ◇

例題 5.2 からわかるように, 一つの未知母数に対して不偏推定量は複数存在する. したがって, 不偏性という基準だけで望ましい推定量を決定することはできない. そこで推定量の分散に着目する. いま, 二つの不偏推定量 T_1, T_2 に対して $V(T_1) \leq V(T_2)$ が成り立つとする. このような場合は, 分散が小さい T_1 の方をより良い推定量と考える. 図 5.3 のように, 推定量の分散が小さいほど未知母数 θ の付近に分布が集中しているため, 真の母数の値と推定値の間の誤差も小さくなる確率が高いからである. このとき, T_1 は T_2 より**有効な推定量**であるという. また, すべての不偏推定量の中で分散を最小とするものが存在するとき, それを**有効推定量**という.

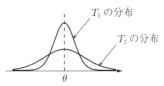

図 5.3 T_1 と T_2 の分布

例題 5.3 例題 5.2 の T_1, T_2, T_3 のうち, 最も有効な推定量はどれか. ただし, X_1, X_2, X_3 は互いに独立であるとする.

【解答】 X_1, X_2, X_3 は母分散 σ^2 の母集団からの無作為標本なので, $V(X_1) = V(X_2) = V(X_3) = \sigma^2$ である. したがって, 式 (3.5), (3.9) より

$$V(T_1) = V(X_1) + V(X_2) + V(X_3) = 3\sigma^2,$$
$$V(T_2) = \frac{1}{3^2}(V(X_1) + V(X_2) + V(X_3)) = \frac{1}{3}\sigma^2,$$
$$V(T_3) = \frac{4^2}{5^2}V(X_1) + \frac{2^2}{5^2}V(X_2) + \frac{3^2}{5^2}V(X_3) = \frac{29}{25}\sigma^2$$

となる。よって，T_2 が最も有効な推定量である。　　　　　　　　◇

標本の大きさ n を大きくするほど推定の精度が高まるという性質も，推定量に望まれる性質の一つといえるであろう。この性質はつぎのように表現される。どんな正の数 ε に対しても

$$\lim_{n\to\infty} P(|T(X_1, X_2, \cdots, X_n) - \theta| > \varepsilon) = 0 \tag{5.2}$$

が成り立つ。これは，図 5.4 のように，標本の大きさ n が大きくなると，未知母数 θ に近づくような推定量を表している。このとき，$T(X_1, X_2, \cdots, X_n)$ を θ の**一致推定量**という。

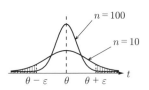

図 5.4 推定量の一致性

本書の範囲を超えるので証明は省略するが，よく知られている母平均および母分散の推定量に関する性質をまとめておく（引用・参考文献 [3] を参照）。

推定量の性質

期待値や分散が存在しないような例外的な状況を除いて，つぎの事実が成立する。

(1) 標本平均 $\overline{X}$ は母平均の不偏推定量かつ一致推定量である。特に，母集団分布が

　（ⅰ）　正規分布 $N(\mu, \sigma^2)$ ならば $\overline{X}$ は μ の有効推定量

　（ⅱ）　ベルヌーイ分布 $B(1, p)$ ならば $\overline{X}$ は p の有効推定量

　（ⅲ）　ポアソン分布 $Po(\lambda)$ ならば $\overline{X}$ は λ の有効推定量

である。

(2) 不偏分散 U^2 は母分散の不偏推定量かつ一致推定量である。特に，母集団分布が正規分布 $N(\mu, \sigma^2)$ のとき，U^2 は母分散 σ^2 の有効推定量である。

(3) 母集団が正規分布ならば，標本分散 S^2 は母分散の一致推定量であるが不偏推定量ではない。

演習問題 5.1

【1】 ある大学の学生 300 人が統計学の試験を受験した。この 300 人の学生から無作為抽出された 10 人の学生の得点は

　　59, 92, 68, 72, 50, 85, 67, 75, 95, 63 〔点〕

であった。この 300 人の学生を母集団と見るとき，この標本を用いて，母平均を標本平均で，母分散を不偏分散でそれぞれ点推定せよ。

5.2 区 間 推 定

5.2.1 区間推定の考え方

点推定による推定値は，標本が変わるごとにさまざまな値をとり得るので，推定値が母数と一致することはまずないと考えてよい。そこで，推定値を直接求めるのではなく，未知母数がある確からしさで入る範囲を推定することを考える。

母集団から抽出された大きさ n の無作為標本を $X_1, X_2, \cdots, X_n$ とし，確率 α を決める（通常は $\alpha = 0.05$ もしくは $\alpha = 0.01$ とすることが多い）。ここで，母集団分布や標本分布の考え方を用いて，未知母数 θ に対し

$$P(\Theta_L \leqq \theta \leqq \Theta_U) = 1 - \alpha \tag{5.3}$$

を満たす統計量 $\Theta_L = T_L(X_1, X_2, \cdots, X_n)$, $\Theta_U = T_U(X_1, X_2, \cdots, X_n)$ を求める。無作為標本の実現値を $x_1, x_2, \cdots, x_n$ とし，$\theta_L = T_L(x_1, x_2, \cdots, x_n)$, $\theta_U = T_U(x_1, x_2, \cdots, x_n)$ とおくとき，区間 $[\theta_L, \theta_U]$ を母数 θ の **$100(1-\alpha)$%信頼区間**，θ_L を**下側信頼限界**，θ_U を**上側信頼限界**，α を**危険率**，$1-\alpha$ を**信頼係数**という。この $100(1-\alpha)$%信頼区間を求めることを**区間推定**という。信頼区間の意味するところは，無作為標本を抽出し，$100(1-\alpha)$%信頼区間を求めることを何回も繰り返した場合，得られた区間のうち未知母数 θ を含む区間の割合は $100(1-\alpha)$%であるということである（信頼区間は標本ごとに変化することに注意しておこう）。

注意：式 (5.3) を満たす Θ_L, Θ_U は多数存在するが，指定された $1-\alpha$ のもとで信頼区間の幅 $\theta_U - \theta_L$ が最小となるように Θ_L, Θ_U を選択することが望ましい．しかし，この議論は複雑な扱いが必要なので，本書ではこの問題には深く立ち入らず

$$P(\theta < \Theta_L) = P(\Theta_U < \theta) = \frac{\alpha}{2}$$

を満たす信頼区間を考えることとする．

5.2.2 母平均の区間推定

「ある母集団の未知の母平均 μ を知りたい」という目的のもと，母平均 μ の区間推定を行う．未知の母平均の区間推定を行う際は，前提となる条件に応じて，つぎの〔1〕〜〔3〕の場合に分けて考える．

〔1〕 **母集団分布が正規分布 $N(\mu, \sigma^2)$ で，母分散 σ^2 が既知の場合**

母集団から抽出された大きさ n の無作為標本を $X_1, X_2, \cdots, X_n$ とするとき，式 (4.4) より，標本平均

$$\overline{X} = \frac{X_1 + X_2 + \cdots + X_n}{n}$$

は正規分布 $N\left(\mu, \dfrac{\sigma^2}{n}\right)$ に従う．よって，$\overline{X}$ を標準化した確率変数

$$Z = \frac{\overline{X} - \mu}{\dfrac{\sigma}{\sqrt{n}}} = \frac{\sqrt{n}\,(\overline{X} - \mu)}{\sigma}$$

は，標準正規分布 $N(0,1)$ に従う．危険率を α とするとき，確率変数 Z の確率密度関数 $f(z)$ の対称性から

$$P(-z_{\alpha/2} \leqq Z \leqq z_{\alpha/2}) = 1 - \alpha \tag{5.4}$$

と書ける（**図 5.5**）．式 (5.4) の括弧内の不等式について

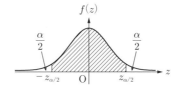

図 5.5　正規分布 $N(0,1)$ の信頼区間

$$-z_{\alpha/2} \leqq Z \leqq z_{\alpha/2}$$

$$\iff -z_{\alpha/2} \leqq \frac{\sqrt{n}\,(\overline{X} - \mu)}{\sigma} \leqq z_{\alpha/2}$$

$$\iff \overline{X} - z_{\alpha/2}\frac{\sigma}{\sqrt{n}} \leqq \mu \leqq \overline{X} + z_{\alpha/2}\frac{\sigma}{\sqrt{n}}$$

であるから，式 (5.4) は

$$P\Bigg(\underbrace{\overline{X} - z_{\alpha/2}\frac{\sigma}{\sqrt{n}}}_{\text{式 (5.3) の}\Theta_L\text{に対応}} \leqq \mu \leqq \underbrace{\overline{X} + z_{\alpha/2}\frac{\sigma}{\sqrt{n}}}_{\text{式 (5.3) の}\Theta_U\text{に対応}} \Bigg) = 1 - \alpha \tag{5.5}$$

と書くことができる．ここで，$\overline{X}$ に実現値 $\overline{x}$ を代入することにより，つぎのことが得られる．

―― 母平均の区間推定（母分散が既知の場合）――――――――

母分散が既知の正規母集団 $N(\mu, \sigma^2)$ から抽出した大きさ n の無作為標本の標本平均の実現値を $\overline{x}$ とするとき，区間

$$\left[\, \overline{x} - z_{\alpha/2}\frac{\sigma}{\sqrt{n}},\ \overline{x} + z_{\alpha/2}\frac{\sigma}{\sqrt{n}} \,\right] \tag{5.6}$$

は母平均 μ の $100(1-\alpha)\%$ 信頼区間である．

――――――――――――――――――――――――――

式 (5.5) は $P\left(|\overline{X} - \mu| \leqq z_{\alpha/2}\dfrac{\sigma}{\sqrt{n}}\right) = 1 - \alpha$ と表すこともできる．これは，母平均 μ と標本平均 $\overline{X}$ との差が $z_{\alpha/2}\dfrac{\sigma}{\sqrt{n}}$ 以下である確率が $1 - \alpha$ であることを主張している．ここで

$$e = z_{\alpha/2}\frac{\sigma}{\sqrt{n}} \tag{5.7}$$

とおき，これを**誤差の許容限度**という．実際に区間推定を行う際は，誤差の許容限度を与えられた値 r 以下にしなければならない場合がある．そのようなときは，式 (5.7) から

$$z_{\alpha/2}\frac{\sigma}{\sqrt{n}} \leqq r \quad \text{すなわち} \quad n \geqq \left(\frac{z_{\alpha/2}\,\sigma}{r}\right)^2$$

により，推定に必要な標本の大きさを求めることができる．このような議論は，母平均の区間推定の場合だけでなく，これ以降説明する区間推定の問題においても同様に行うことができる．

例題 5.4 正規母集団 $N(\mu, 5^2)$ から抽出された大きさ 16 の無作為標本の標本平均が 12 であった．母平均 μ の 95%信頼区間を求めよ．

【解答】 条件より，標本の大きさ $n = 16$，標本平均 $\overline{X}$ の実現値 $\overline{x} = 12$，母分散 $\sigma^2 = 5^2$ である．標本平均 $\overline{X}$ は $N\left(\mu, \dfrac{\sigma^2}{n}\right)$ に従うので，$Z = \dfrac{\overline{X}-\mu}{\dfrac{\sigma}{\sqrt{n}}}$ は $N(0,1)$ に従う．また，標準正規分布表 2 より $z_{0.025} = 1.96$ である．よって，母平均 μ の 95%信頼区間は

$$\left[12 - 1.96 \times \frac{5}{\sqrt{16}},\ 12 + 1.96 \times \frac{5}{\sqrt{16}}\right] = [9.55, 14.45]$$

である． $\diamondsuit$

例題 5.5 あるチョコレート菓子 1 箱の重さは正規分布に従うことが知られており，母分散は $2\,\mathrm{g}^2$ であるという．いま，無作為にサンプルを 8 個選び，その重さ〔g〕を測定したところ

25.34, 25.28, 24.96, 25.04, 24.91, 25.90, 25.31, 24.86

であった．このとき，母平均 μ の 95%信頼区間を求めよ．また，信頼係数を 0.95 とするときに，誤差の許容限度を 0.3 以下とするためには，標本の大きさをいくつ以上にすればよいか．

【解答】 条件より，標本の大きさ $n = 8$，標本平均 $\overline{X}$ の実現値は

$$\overline{x} = \frac{25.34 + 25.28 + 24.96 + 25.04 + 24.91 + 25.90 + 25.31 + 24.86}{8}$$
$$= \frac{201.6}{8} = 25.2$$

母分散 $\sigma^2 = 2$ である．標本平均 $\overline{X}$ は $N\left(\mu, \dfrac{\sigma^2}{n}\right)$ に従うので，$Z = \dfrac{\overline{X} - \mu}{\dfrac{\sigma}{\sqrt{n}}}$ は $N(0,1)$ に従う．また，標準正規分布表 2 から，$z_{0.025} = 1.96$ である．よって，母平均 μ の 95%信頼区間は

$$\left[25.2 - 1.96 \times \frac{\sqrt{2}}{\sqrt{8}},\ 25.2 + 1.96 \times \frac{\sqrt{2}}{\sqrt{8}} \right] = [24.22,\ 26.18]$$

である．また，標本の大きさを n_0 とするとき，誤差の許容限度が 0.3 以下であるためには

$$1.96 \times \frac{\sqrt{2}}{\sqrt{n_0}} \leq 0.3 \quad \text{すなわち} \quad n_0 \geq \left(\frac{1.96 \times \sqrt{2}}{0.3} \right)^2 = 85.368 \cdots$$

したがって，標本の大きさを 86 以上とすればよい． $\diamondsuit$

〔2〕 母集団分布が正規分布 $N(\mu, \sigma^2)$ で，母分散 σ^2 が未知の場合

式 (5.6) は母分散 σ^2 に依存するので，σ^2 が未知のときは式 (5.6) を使うことができない．また，実際にデータを扱う際は σ^2 の値はわからないことの方が多い．そこで，母分散 σ^2 の代わりに不偏分散 U^2 を用いて区間推定を行うことを考える．

(i) 大標本の場合

標本の大きさ n が十分大きい標本のことを**大標本**といい，大標本の場合はさまざまな場面で近似が可能である．母分散 σ^2 が未知の場合の母平均の区間推定においては，大標本であれば式 (5.6) における σ^2 を不偏分散 U^2 の実現値 u^2 に置き換えるだけで問題ないとされている（近似的に許容できるという意味）．つまり，$Z = \dfrac{\overline{X} - \mu}{\dfrac{U}{\sqrt{n}}}$ は近似的に $N(0,1)$ に従うとし，近似的に区間

$$\left[\overline{x} - z_{\alpha/2} \frac{u}{\sqrt{n}},\ \overline{x} + z_{\alpha/2} \frac{u}{\sqrt{n}} \right] \tag{5.8}$$

を μ の $100(1-\alpha)$%信頼区間と考えてよい．実際にいくつくらいの n であればよいかは難しい問題であるが，経験的な結論から $n \geqq 30$ であればその誤差は小さいとされている．このような方法を**大標本法**という．

注意：「大標本」や「十分大きい」という用語はあいまいな表現である．今回は $n \geqq 30$ の標本を大標本とみなしたが，この基準は考察する問題ごとに異なるので注意が必要である．

（ ii ） 小標本の場合

大標本でない標本のことを**小標本**という．このケースでは，t 分布を用いて推定を行う．正規母集団 $N(\mu, \sigma^2)$ から抽出された大きさ n の無作為標本を $X_1, X_2, \cdots, X_n$ とするとき，式 (4.17) より，標本平均 $\overline{X}$ および不偏分散 U^2 による確率変数

$$T = \frac{\overline{X} - \mu}{\dfrac{U}{\sqrt{n}}} = \frac{\sqrt{n}\,(\overline{X} - \mu)}{U} \tag{5.9}$$

は自由度 $n-1$ の t 分布に従う．ここで危険率を α とすると，確率変数 T の確率密度関数 $f(t)$ の対称性から

$$P\bigl(-t_{\alpha/2}(n-1) \leqq T \leqq t_{\alpha/2}(n-1)\bigr) = 1 - \alpha \tag{5.10}$$

と書ける（図 **5.6**）．

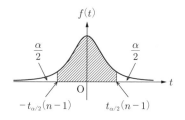

図 **5.6**　自由度 $n-1$ の t 分布の信頼区間

式 (5.10) の括弧内の不等式について

$$-t_{\alpha/2}(n-1) \leqq T \leqq t_{\alpha/2}(n-1)$$

$$\iff -t_{\alpha/2}(n-1) \leq \frac{\sqrt{n}\,(\overline{X}-\mu)}{U} \leq t_{\alpha/2}(n-1)$$

$$\iff \overline{X} - t_{\alpha/2}(n-1)\frac{U}{\sqrt{n}} \leq \mu \leq \overline{X} + t_{\alpha/2}(n-1)\frac{U}{\sqrt{n}}$$

であるから,式 (5.10) は

$$P\left(\underbrace{\overline{X} - t_{\alpha/2}(n-1)\frac{U}{\sqrt{n}}}_{\text{式 (5.3) の } \Theta_L \text{ に対応}} \leq \mu \leq \underbrace{\overline{X} + t_{\alpha/2}(n-1)\frac{U}{\sqrt{n}}}_{\text{式 (5.3) の } \Theta_U \text{ に対応}}\right) = 1 - \alpha \tag{5.11}$$

と書くことができる。ここで,標本平均 $\overline{X}$,不偏分散 U^2 の実現値 $\overline{x}$, u^2 を用いることにより,つぎのことが得られる。

母平均の区間推定(母分散が未知かつ小標本の場合)

母分散が未知の正規母集団から抽出された大きさ n の無作為標本の標本平均の実現値を $\overline{x}$,不偏分散の実現値を u^2 とするとき

$$\left[\overline{x} - t_{\alpha/2}(n-1)\frac{u}{\sqrt{n}},\ \overline{x} + t_{\alpha/2}(n-1)\frac{u}{\sqrt{n}}\right] \tag{5.12}$$

は母平均 μ の $100(1-\alpha)\%$ 信頼区間である。

例題 5.6 ある大学で学生 50 人を無作為に選び,1 週間当りのスマートフォンの利用時間〔時間〕について調査したところ,標本平均 18.3,不偏分散 7.84 であった。この大学の学生の 1 週間当りのスマートフォン利用時間は正規分布に従うものとするとき,全学生の 1 週間当りのスマートフォンの平均利用時間 μ の 95%信頼区間を求めよ。

【解答】 標本の大きさ $n = 50$,標本平均 $\overline{X}$ の実現値 $\overline{x} = 18.3$,不偏分散 U^2 の実現値 $u^2 = 7.84$ である。標本の大きさ n は 30 以上なので,$Z = \dfrac{\overline{X} - \mu}{\dfrac{U}{\sqrt{n}}}$ は近似的に $N(0,1)$ に従う。標準正規分布表 2 より $z_{0.025} = 1.96$ なので,μ の 95%信頼区間の近似として

$$\left[18.3 - 1.96 \times \frac{\sqrt{7.84}}{\sqrt{50}},\ 18.3 + 1.96 \times \frac{\sqrt{7.84}}{\sqrt{50}} \right] \fallingdotseq [\,17.524,\ 19.076\,]$$

を得る。 ◇

例題 5.7 あるみかん農園で収穫された 10 個の L サイズのみかんの重さを量ったところ，つぎの結果が得られた。

132.4, 134.3, 125.5, 139.1, 128.3,
131.0, 122.4, 126.7, 133.2, 127.3 〔g〕

この農園における L サイズのみかんの重さは正規分布に従うものとするとき，この農園で収穫された L サイズのみかんの重さの平均の 95％信頼区間を求めよ。

【解答】 標本の大きさ $n = 10$，標本平均 $\overline{X}$ の実現値 $\overline{x} = \dfrac{1300.2}{10} = 130.02$，不偏分散 U^2 の実現値 $u^2 = \dfrac{217.376}{10-1} \fallingdotseq 24.1529$ である。また，$T = \dfrac{\overline{X} - \mu}{\dfrac{U}{\sqrt{n}}}$ は自由度 $n - 1 = 9$ の t 分布に従う。t 分布表より $t_{0.025}(9) = 2.262$ なので，母平均 μ の 95％信頼区間は

$$\left[130.02 - 2.262 \times \frac{\sqrt{24.1529}}{\sqrt{10}},\ 130.02 + 2.262 \times \frac{\sqrt{24.1529}}{\sqrt{10}} \right]$$
$$\fallingdotseq [\,126.505,\ 133.535\,]$$

となる。 ◇

〔3〕 母集団の分布が未知の場合

この場合は，中心極限定理を用いて信頼区間の近似を求める。母平均 μ，母分散 σ^2 の母集団から抽出された大きさ n の無作為標本を $X_1, X_2, \cdots, X_n$ とする。中心極限定理より，n が十分大きければ，$\overline{X}$ の分布は $N(\mu, \sigma^2/n)$ で近似される。本書では $n \geqq 30$ であればこの近似を用いることにする。これにより，母分散が既知の場合は〔1〕の議論から近似的に式 (5.6) を μ の $100(1-\alpha)$％信頼区間としてよい。また，母分散 σ^2 が未知の場合は〔2〕(i) の議論から近似的に式 (5.8) を μ の $100(1-\alpha)$％信頼区間と考えればよい（2 回近似を行うので，

精度は落ちることに注意)。

例題 5.8 ある会社で製造された 40 個の電球について寿命時間〔時間〕を調べたところ, 標本平均 3152.8, 不偏分散 7867.69 であった。この会社で製造されている電球の平均寿命について, 95%信頼区間を求めよ。

【解答】 母集団の分布および母分散も未知であるが, 標本の大きさ $n = 40$ は十分大きいと考え, 中心極限定理による正規分布への近似および大標本法を用いる。標本平均 $\overline{X}$ の実現値は $\overline{x} = 3152.8$, 不偏分散 U^2 の実現値 $u^2 = 7867.69$ である。また, $Z = \dfrac{\overline{X} - \mu}{\dfrac{U}{\sqrt{n}}}$ は近似的に $N(0,1)$ に従う。標準正規分布表 2 より $z_{0.025} = 1.96$ なので, μ の 95%信頼区間の近似として

$$\left[3152.8 - 1.96\dfrac{\sqrt{7867.69}}{\sqrt{40}},\ 3152.8 + 1.96\dfrac{\sqrt{7867.69}}{\sqrt{40}}\right] \fallingdotseq [3125.312, 3180.288]$$

を得る。 ◇

演習問題 5.2

【1】 ある予備校の模擬試験において, 数学の答案から 100 枚を無作為抽出し調査したところ, 標本平均 62.3 点, 不偏分散は 13.8^2 点^2 であった。数学の平均点の 95%信頼区間を求めよ。また, 平均点を誤差の許容限度 1 点以内で推定するためには, 何枚の答案が必要であるか。

【2】 ある大学のアルバイトをしている学生から 15 人を無作為抽出して 1 ケ月のアルバイト代を調査したところ, 標本平均 52000 円, 不偏分散は 6250000 円^2 であった。この大学の学生のアルバイト代の分布は正規分布に従うとして, アルバイト代の 95%信頼区間を求めよ。

【3】 正規母集団 $N(\mu, 18)$ から抽出された大きさ n の無作為標本を用いて危険率 $\alpha = 0.05$ で母平均 μ の区間推定を行う。信頼区間の幅を 3 より小さくするためには, 標本の大きさをどれくらいにすればよいかを求めよ。

5.2.3 母分散の区間推定

「ある母集団の未知の母分散 σ^2 を知りたい」という目的のもと,σ^2 の区間推定を行う.このケースでは,χ^2 分布を用いて推定を行う.

正規母集団 $N(\mu, \sigma^2)$ から抽出された大きさ n の無作為標本の不偏分散を U^2 とすると,式 (4.14) より,確率変数

$$\chi^2 = \frac{(n-1)U^2}{\sigma^2} \tag{5.13}$$

は自由度 $n-1$ の χ^2 分布に従うので,危険率を α とするとき

$$P\bigl(\chi^2_{1-\alpha/2}(n-1) \leqq \chi^2 \leqq \chi^2_{\alpha/2}(n-1)\bigr) = 1-\alpha \tag{5.14}$$

と書ける(図 **5.7**).

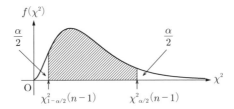

図 **5.7** 自由度 $n-1$ の χ^2 分布の信頼区間

式 (5.14) の括弧内の不等式について

$$\chi^2_{1-\alpha/2}(n-1) \leqq \chi^2 \leqq \chi^2_{\alpha/2}(n-1)$$
$$\Longleftrightarrow \chi^2_{1-\alpha/2}(n-1) \leqq \frac{(n-1)U^2}{\sigma^2} \leqq \chi^2_{\alpha/2}(n-1)$$
$$\Longleftrightarrow \frac{(n-1)U^2}{\chi^2_{\alpha/2}(n-1)} \leqq \sigma^2 \leqq \frac{(n-1)U^2}{\chi^2_{1-\alpha/2}(n-1)}$$

であるから

$$P\left(\frac{(n-1)U^2}{\chi^2_{\alpha/2}(n-1)} \leqq \sigma^2 \leqq \frac{(n-1)U^2}{\chi^2_{1-\alpha/2}(n-1)}\right) = 1-\alpha \tag{5.15}$$

と書くことができる.これより,つぎのことが得られる.

母分散の区間推定

正規母集団から抽出された大きさ n の無作為標本の不偏分散の実現値を u^2 とするとき

$$\left[\frac{(n-1)u^2}{\chi^2_{\alpha/2}(n-1)}, \frac{(n-1)u^2}{\chi^2_{1-\alpha/2}(n-1)}\right] \tag{5.16}$$

は母分散 σ^2 の $100(1-\alpha)$%信頼区間である。

例題 5.9 ある工場で大量生産されているボルトから，30本を無作為抽出してその長さを測定したところ，不偏分散が $0.12\,\mathrm{cm}^2$ であった。この工場で生産されているボルトの長さは正規分布に従うとするとき，母分散の95%，および99%信頼区間を求めよ。

【解答】 標本の大きさ $n = 30$，不偏分散 U^2 の実現値 $u^2 = 0.12$ である。また，$\chi^2 = \dfrac{(n-1)U^2}{\sigma^2}$ は自由度 $n-1 = 29$ の χ^2 分布に従う。χ^2 分布表より，$\chi^2_{0.025}(29) = 45.72$, $\chi^2_{0.975}(29) = 16.05$ であるから，母分散 σ^2 の95%信頼区間は

$$\left[\frac{29 \times 0.12}{45.72}, \frac{29 \times 0.12}{16.05}\right] \fallingdotseq [0.076, 0.217]$$

となる。また，$\chi^2_{0.005}(29) = 52.34$, $\chi^2_{0.995}(29) = 13.12$ であるから，母分散 σ^2 の99%信頼区間は

$$\left[\frac{29 \times 0.12}{52.34}, \frac{29 \times 0.12}{13.12}\right] \fallingdotseq [0.066, 0.265]$$

となる。

演習問題 5.3

【1】 正規母集団から抽出された大きさ18の無作為標本について，標本分散は 24.7^2 であった。このとき，母分散の95%信頼区間を求めよ。

【2】 ドーナツ店 A で一番人気のある種類のドーナツ10個を無作為に抽出し，その重さ〔g〕を調べたところ，つぎのような結果が得られた。

63.2, 55.4, 58.4, 54.7, 55.8, 60.0, 62.7, 63.3, 60.9, 54.9

ドーナツ店 A で作られるこの種類のドーナツの重さの分布は正規分布に従うとして，重さの母分散の 95%信頼区間を求めよ．

5.2.4 母比率の区間推定

「ある二項母集団の未知の母比率 p を知りたい」という目的のもと，p の区間推定を行う．

ある母集団における属性が，二つのカテゴリー A と B からなっていて，カテゴリー A の母比率が p であるとする．また，大きさ n の無作為標本について，カテゴリー A に含まれる個体の個数を X とする．このとき，式 (4.10) より，標本の大きさ n が十分大きければ，標本比率 $\widehat{P} = \dfrac{X}{n}$ は近似的に正規分布 $N\left(p, \dfrac{p(1-p)}{n}\right)$ に従う．よって，確率変数 $Z = \dfrac{\widehat{P}-p}{\sqrt{\dfrac{p(1-p)}{n}}}$ は近似的に標準正規分布 $N(0,1)$ に従うので，危険率を α とするとき

$$P(-z_{\alpha/2} \leq Z \leq z_{\alpha/2}) \fallingdotseq 1-\alpha \tag{5.17}$$

である．また，式 (5.17) の括弧内の不等式について

$$-z_{\alpha/2} \leq Z \leq z_{\alpha/2}$$
$$\iff \widehat{P} - z_{\alpha/2}\sqrt{\dfrac{p(1-p)}{n}} \leq p \leq \widehat{P} + z_{\alpha/2}\sqrt{\dfrac{p(1-p)}{n}}$$

である．ここで，根号の中に未知の母比率 p が含まれてしまっているが，$\widehat{P}$ は p の一致推定量であったから，n が十分大きければ $\widehat{P}$ と p はほぼ等しいと考えてよい．したがって

$$P\left(\widehat{P} - z_{\alpha/2}\sqrt{\dfrac{\widehat{P}(1-\widehat{P})}{n}} \leq p \leq \widehat{P} + z_{\alpha/2}\sqrt{\dfrac{\widehat{P}(1-\widehat{P})}{n}}\right) \fallingdotseq 1-\alpha$$

となる．これより，つぎのことが得られる．

― 母比率の区間推定 ――――――――――――――――――――

母比率が p である二項母集団から抽出された大きさ n の無作為標本の標本比率の実現値を $\widehat{p}$ とするとき,n が十分大きければ,区間

$$\left[\widehat{p} - z_{\alpha/2}\sqrt{\frac{\widehat{p}(1-\widehat{p})}{n}},\ \widehat{p} + z_{\alpha/2}\sqrt{\frac{\widehat{p}(1-\widehat{p})}{n}}\right] \tag{5.18}$$

は p の $100(1-\alpha)\%$ 信頼区間を近似している。

――――――――――――――――――――――――――――

注意:上の近似は,経験的な結論から条件

$$np \geqq 5 \quad \text{かつ} \quad n(1-p) \geqq 5$$

を満たすときに使用してよいとされている。しかし,ここでは p の値が未知なので,標本比率の実現値 $\widehat{p}$ について $p \fallingdotseq \widehat{p}$ と考えて,条件

$$n\widehat{p} \geqq 5 \quad \text{かつ} \quad n(1-\widehat{p}) \geqq 5$$

を満たすときに用いることとする。

例題 5.10 ある地域の住民から無作為に選ばれた有権者 400 人に対して,内閣の支持率調査を行ったところ,142 人が支持していると答えた。この地域における内閣支持率の 95% 信頼区間を求めよ。

【解答】 この地域における内閣の支持率を p とする。標本の大きさ $n = 400$,標本比率の実現値 $\widehat{p} = \dfrac{142}{400} = 0.355$ である。また

$$n\widehat{p} = 400 \times \frac{142}{400} = 142 \geqq 5,\ n(1-\widehat{p}) = 400 \times \left(1 - \frac{142}{400}\right) = 258 \geqq 5$$

なので,$Z = \dfrac{\widehat{P} - p}{\sqrt{\dfrac{p(1-p)}{n}}}$ は近似的に $N(0,1)$ に従う。$z_{0.025} = 1.96$ なので,求める支持率 p の信頼区間は

$$\left[0.355 - 1.96\sqrt{\frac{0.355 \times 0.645}{400}},\ 0.355 + 1.96\sqrt{\frac{0.355 \times 0.645}{400}}\right] \fallingdotseq [0.308, 0.402]$$

である。 ◇

演習問題 5.4

【1】 テレビを所有する世帯から無作為に選ばれた 600 世帯にある番組の視聴率調査を行ったところ，149 世帯がこの番組を視聴していた。この番組の視聴率の 99% 信頼区間を求めよ。

【2】 ある県に在住の小学 6 年生から 300 人を無作為抽出し，携帯電話の所有の有無を調べたところ，159 人が携帯電話を所有していた。この県の小学 6 年生の携帯電話所有率の 95% 信頼区間を求めよ。

6 仮説検定

「仮説検定」とは母集団に関するある仮説を立て，その仮説が正しいかどうかを標本をもとに判断することである．例えば，サイコロを 60 回振って 1 の目が 20 回出た場合，このサイコロは目の出方に偏りがあると疑われる．このような場合，このサイコロは正常なサイコロであるという仮説を立て，その仮説の真偽を標本をもとに統計学的に判断していく．仮説検定は，さまざまな分野において意思を決定する際の合理的な方法として広く用いられている．

6.1 仮説検定の考え方

まずは，つぎの例を通して仮説検定の考え方を解説していこう．

例 6.1 A 社で販売されている鉄筋は，引張強度が平均 $510 \, \text{N/mm}^2$ であるように製造されている．近頃，鉄筋の引張強度に関する苦情が寄せられたので，製品の山から 30 本を無作為抽出して鉄筋の引張強度を調べたところ，標本平均は $506.9 \, \text{N/mm}^2$ であった．鉄筋の引張強度に変化があるといってよいだろうか．ただし，鉄筋の引張強度は標準偏差 $7 \, \text{N/mm}^2$ の正規分布に従うものとする．

〔1〕 帰無仮説を定める

検定の対象となる母数 θ に対して，$H_0 : \theta = \theta_0$ （θ_0 は定数）と等式の形で仮説を定める．この仮説 H_0 を**帰無仮説**という．帰無仮説を否定するか否定しな

いかを判断することが，仮説検定の目的である。

> 例 6.1 で対象とする母数は鉄筋の引張強度の母平均 μ である。いま，$\mu = 510$ を疑っているが，とりあえず $\mu = 510$ が正しいと考え，帰無仮説 H_0 を
> $$H_0 : \mu = \mu_0 = 510$$
> と定める。これは「鉄筋の引張強度は従来の設定どおり $510\,\mathrm{N/mm^2}$ である」という A 社の主張をもとにした仮説である。

〔2〕 対立仮説を定める

仮説検定を行う人が，帰無仮説が真でないことを主張するための仮説 H_1 を
$$H_1 : \theta \neq \theta_0, \qquad H_1 : \theta > \theta_0, \qquad H_1 : \theta < \theta_0$$
の中から一つ選択する。これらの仮説を**対立仮説**という。対立仮説が $H_1 : \theta \neq \theta_0$ の場合を**両側検定**，$H_1 : \theta > \theta_0$ の場合を**右側検定**，$H_1 : \theta < \theta_0$ の場合を**左側検定**という。

> 例 6.1 では対立仮説 H_1 を
> $$H_1 : \mu \neq 510 \qquad [\text{従来どおりの } 510\,\mathrm{N/mm^2} \text{ ではないという主張}]$$
> と定める。ここでは，鉄筋の引張強度に変化があるかどうかに関心があるので，"$\neq$"の形で対立仮説を定める。もし，鉄筋の引張強度が弱くなったと疑いをもって検定するのであれば
> $$H_1 : \mu < 510 \qquad [\text{従来より弱くなったという主張}]$$
> とすればよい。また，改良などにより鉄筋の引張強度が強くなったかどうかを検定するのであれば
> $$H_1 : \mu > 510 \qquad [\text{従来より強くなったという主張}]$$
> とすればよい。

〔3〕 有意水準を定める

帰無仮説 H_0 が本当は正しいのに，H_0 を誤りだと判断してしまう確率を**有意水準**または**危険率**といい，α で表す。検定を行う際は有意水準を事前に定める。通常は $\alpha = 0.05$ もしくは $\alpha = 0.01$ とすることが多い。

$$\left(\text{例 6.1 では,有意水準を } \alpha = 0.05 \text{ として考えてみよう。}\right)$$

〔4〕 検定統計量を選び棄却域を求める

母集団から抽出された大きさ n の無作為標本 $X_1, X_2, \cdots, X_n$ を変数とする適当な統計量 T を選び,H_0 が正しいと仮定した場合に,T が従う標本分布を決定する(具体的に T をどのように選べばよいかは次節以降の各論を参照)。この T を**検定統計量**†という。さらに,T が従う標本分布の数表と,T の確率密度関数 $f(t)$ のグラフを用い,対立仮説に応じて,α をもとにした以下の図の斜線部分に対応する範囲 R を求める。この R を**棄却域**という。

(i) 対立仮説が $H_1 : \theta \neq \theta_0$ のとき,$R = (-\infty, a] \cup [b, \infty)$(**図 6.1**)

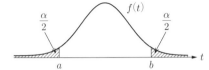

両裾の斜線部分の面積が $\frac{\alpha}{2}$ ずつとなるような a, b を数表から求める。

図 **6.1** 両側検定の棄却域

(ii) 対立仮説が $H_1 : \theta > \theta_0$ のとき,$R = [b, \infty)$(**図 6.2**)

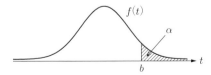

右裾の斜線部分の面積が α となるような b を数表から求める。

図 **6.2** 右側検定の棄却域

(iii) 対立仮説が $H_1 : \theta < \theta_0$ のとき,$R = (-\infty, a]$(**図 6.3**)

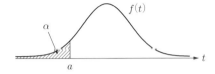

左裾の斜線部分の面積が α となるような a を数表から求める。

図 **6.3** 左側検定の棄却域

---

† ここでは検定統計量(test statistics)の頭文字をとって T と書いているが,検定統計量を表す文字は,検定統計量が従う標本分布に合わせて表記することが多い。本書でもそれにならうこととし,検定統計量が正規分布に従う場合は Z,t 分布に従う場合は T,χ^2 分布に従う場合は χ^2 を用いることとする。

例 6.1 では，標本の大きさ n，標本平均 $\overline{X}$，母標準偏差 σ に対して，H_0 のもとでの検定統計量として $Z = \dfrac{\overline{X} - \mu_0}{\dfrac{\sigma}{\sqrt{n}}}$ を考える。もし，帰無仮説 H_0 が正しいとすれば，Z は標準正規分布 $N(0,1)$ に従うので，有意水準 $\alpha = 0.05$ に対する棄却域は
$$R = (-\infty, -z_{0.025}] \cup [z_{0.025}, \infty) = (-\infty, -1.96] \cup [1.96, \infty)$$
である（図 **6.4**）。

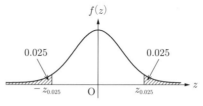

図 **6.4** $N(0,1)$ の両側検定の棄却域

〔5〕 H_0 が正しいかどうかの判定を行う

大きさ n の無作為標本 $X_1, X_2, \cdots, X_n$ の実現値 $x_1, x_2, \cdots, x_n$ を用いて，検定統計量 T の実現値 T_0 を求める。T_0 が棄却域 R に含まれるとき，帰無仮説 H_0 は正しくないと判断する。このことを「帰無仮説 H_0 は**棄却される**」や「帰無仮説 H_0 を棄却する」などという。このとき，対立仮説 H_1 は正しいと判断される。一方，T_0 が棄却域 R に含まれないとき，「帰無仮説 H_0 は**棄却されない**」や「帰無仮説 H_0 を棄却しない」などという。

例 6.1 では，標本の大きさ $n = 30$，標本平均の実現値 $\overline{x} = 506.9$，母標準偏差 $\sigma = 7$ なので，検定統計量 Z の実現値 Z_0 は
$$Z_0 = \dfrac{506.9 - 510}{\dfrac{7}{\sqrt{30}}} = -\dfrac{\sqrt{30} \times 3.1}{7} \fallingdotseq -2.426$$
となり，Z_0 は棄却域 R に含まれる。よって，帰無仮説 $H_0 : \mu = \mu_0 = 510$ は棄却される。したがって，鉄筋の引張強度は $510 \, \text{N/mm}^2$ でないと判断できる。

帰無仮説 H_0 が正しいとしたとき，実現値 T_0 が棄却域 R に入るということは確率 α 以下でしか起こらない珍しいことが起きたと考えられる．仮説検定においては，このことを受け入れるのではなく，前提であった帰無仮説 H_0 が間違いであると結論づけて，帰無仮説 H_0 を棄却するのである．一方，帰無仮説 H_0 が棄却されないときは，積極的に帰無仮説が正しいと主張しているのではなく，帰無仮説が間違っているといえるほどの根拠がないため棄却することができなかったことを意味している．

仮説検定はあくまでも統計学的な判断であり，間違った結論を導いてしまう可能性もあることに注意しておこう（**表 6.1**）．帰無仮説が本当は正しくない場合に帰無仮説を棄却することは正しい判断であるが，帰無仮説が本当は正しいのに帰無仮説を棄却してしまうのは間違った判断である．この誤りを**第 1 種の過誤**という．例えば，有意水準 α が 0.05 のときは，帰無仮説が本当は正しいとしても 5% の確率で検定統計量は棄却域に入ってしまうので，100 回仮説検定を行うと 5 回くらいは誤った判断をしてしまうことになる．つまり，有意水準 α は第 1 種の過誤を犯す確率を表している．

表 6.1　第 1 種の過誤と第 2 種の過誤

真実 \ 検定	H_0 を棄却しない	H_0 を棄却する
H_0 が真	正しい判定（確率 $1-\alpha$）	第 1 種の過誤（確率 α）
H_0 が偽	第 2 種の過誤（確率 β）	正しい判定（確率 $1-\beta$）

逆に，帰無仮説が本当は正しくないのに帰無仮説を棄却しない誤りを**第 2 種の過誤**という．第 2 種の過誤を犯す確率を β で表す．このとき，第 2 種の過誤を犯さない確率，つまり間違った帰無仮説を間違いと判断する確率は $1-\beta$ と表され，これを**検出力**と呼ぶ．仮説検定を行う際は，第 1 種の過誤を犯す確率 α，第 2 種の過誤を犯す確率 β が共に小さい方がよいことはいうまでもないのだが，実は α と β には，片方を小さくするともう一方は大きくなるという関係があり，α を小さくすると同時に β を小さくすることはできない．一般に，β の扱いは複雑であるため，本書ではこれ以上立ち入らないこととする．

6.2 母平均の検定

母平均の検定とは,「母平均 μ がある特定の値 μ_0 に等しいといえるかどうかを調べること」である.正規母集団 $N(\mu, \sigma^2)$ から抽出された大きさ n の無作為標本による検定統計量を用いて母平均 μ の仮説検定を行おう.有意水準を α とし,つぎのように仮説を立てる.

帰無仮説 $H_0 : \mu = \mu_0$

対立仮説 $H_1 : \mu \neq \mu_0$ 　　または　　$\mu_0 < \mu$ 　　または　　$\mu < \mu_0$

母平均の検定を行う際は,母平均の区間推定のときと同様に,前提となる条件に応じてつぎのような場合に分けて考える.

〔1〕 母分散 σ^2 が既知の場合

σ^2 が既知の場合,帰無仮説 H_0 が正しいとすると標本平均 $\overline{X}$ による統計量 $Z = \dfrac{\overline{X} - \mu_0}{\dfrac{\sigma}{\sqrt{n}}}$ は標準正規分布 $N(0,1)$ に従うので,α をもとにした棄却域 R はつぎのようになる.

(i) 対立仮説が $H_1 : \mu \neq \mu_0$ のとき,$R = (-\infty, -z_{\alpha/2}] \cup [z_{\alpha/2}, \infty)$ (図 **6.5**)

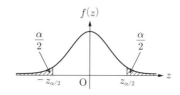

図 **6.5**　$N(0,1)$ の両側検定の棄却域

(ii) 対立仮説が $H_1 : \mu > \mu_0$ のとき,$R = [z_\alpha, \infty)$ (図 **6.6**)

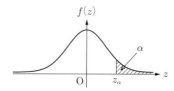

図 **6.6**　$N(0,1)$ の右側検定の棄却域

(iii) 対立仮説が $H_1 : \mu < \mu_0$ のとき，$R = (-\infty, -z_\alpha]$ （図 **6.7**）

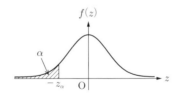

図 **6.7** $N(0,1)$ の左側検定の棄却域

ここで，標本平均 $\overline{X}$ の実現値 $\overline{x}$ を用いて，統計量 Z の実現値 $Z_0 = \dfrac{\overline{x} - \mu_0}{\dfrac{\sigma}{\sqrt{n}}}$ を計算し，Z_0 が R に含まれるならば帰無仮説 H_0 を棄却し，Z_0 が R に含まれないならば帰無仮説 H_0 を棄却しない。

例題 6.1 ある工場では，規格が直径 5 mm の部品を標準偏差 0.2 mm の正規分布に従う管理水準で製造している。この工場で製造された部品から 10 個を無作為抽出して直径を測定したところ，標本平均が 4.86 mm であった。品質管理上異常はないと考えてよいであろうか。有意水準 5% で仮説検定せよ。

【解答】 題意より，この検定は両側検定が適当である。母平均 μ に対して，仮説をつぎのように立てる。

$H_0 : \mu = \mu_0 = 5, \quad H_1 : \mu \neq 5$

母分散は $\sigma^2 = 0.2^2$ と既知なので，標本の大きさを n，標本平均を $\overline{X}$ とし，帰無仮説 H_0 が正しいとすると，検定統計量

$$Z = \dfrac{\overline{X} - \mu_0}{\dfrac{\sigma}{\sqrt{n}}}$$

は標準正規分布 $N(0,1)$ に従う。また，有意水準 $\alpha = 0.05$ の両側検定で，$z_{\alpha/2} = z_{0.025} = 1.96$ より，棄却域は $R = (-\infty, -1.96] \cup [1.96, \infty)$ である（図 **6.8**）。一方，Z の実現値 Z_0 は，標本の大きさ $n = 10$，母分

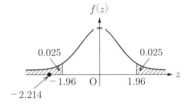

図 **6.8** $N(0,1)$ の両側検定の棄却域

散 $\sigma^2 = 0.2^2$,標本平均の実現値 $\bar{x} = 4.86$ より

$$Z_0 = \frac{\bar{x} - \mu_0}{\frac{\sigma}{\sqrt{n}}} = \frac{4.86 - 5}{\frac{0.2}{\sqrt{10}}} = -\frac{\sqrt{10} \times 0.14}{0.2} \fallingdotseq -2.214$$

である。Z_0 は棄却域 R に含まれるので帰無仮説 H_0 は棄却される。よって,品質管理に異常があると考えられる。　　　　　　　　　　　　　　　◇

〔2〕 母分散 σ^2 が未知かつ大標本の場合

大標本の場合(ここでは $n \geqq 30$ を目安とする)は,区間推定のときと同様に〔1〕における母分散 σ^2 を不偏分散 U^2 で置き換えることにより,「近似的に」ではあるが〔1〕とまったく同じ議論で仮説検定できる。つまり,〔1〕と同じ棄却域のもと,検定統計量を $Z = \dfrac{\overline{X} - \mu_0}{\dfrac{U}{\sqrt{n}}}$,その実現値を $Z_0 = \dfrac{\bar{x} - \mu_0}{\dfrac{u}{\sqrt{n}}}$ として仮説検定すればよい。ここで,$u = \sqrt{u^2}$ であり,u^2 は不偏分散 U^2 の実現値である。

〔3〕 母分散 σ^2 が未知かつ小標本の場合

小標本 ($n < 30$) の場合は t 分布を用いて検定を行う。帰無仮説 H_0 が正しいとすると,標本平均 $\overline{X}$,不偏分散 U^2 による統計量

$$T = \frac{\overline{X} - \mu_0}{\frac{U}{\sqrt{n}}}$$

は自由度 $n-1$ の t 分布に従うので,α をもとにした棄却域 R はつぎのようになる。

(i) 対立仮説が $H_1 : \mu \neq \mu_0$ のとき,$R = (-\infty, -t_{\alpha/2}(n-1)] \cup [t_{\alpha/2}(n-1), \infty)$ (図 **6.9**)

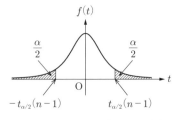

図 **6.9** 自由度 $n-1$ の t 分布の両側検定の棄却域

(ii) 対立仮説が $H_1 : \mu > \mu_0$ のとき，$R = [t_\alpha(n-1), \infty)$（図 **6.10**）

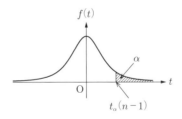

図 **6.10** 自由度 $n-1$ の t 分布の右側検定の棄却域

(iii) 対立仮説が $H_1 : \mu < \mu_0$ のとき，$R = (-\infty, -t_\alpha(n-1)]$（図 **6.11**）

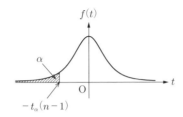

図 **6.11** 自由度 $n-1$ の t 分布の左側検定の棄却域

ここで，標本平均 $\overline{X}$ の実現値 $\overline{x}$，不偏分散 U^2 の実現値 u^2 を用いて，T の実現値 $T_0 = \dfrac{\overline{x} - \mu_0}{\dfrac{u}{\sqrt{n}}}$ を計算し，T_0 が R に含まれるならば帰無仮説 H_0 を棄却し，T_0 が R に含まれないならば帰無仮説 H_0 を棄却しない。

例題 6.2 日本人 1 人当りの 1 ケ月の米の消費量は $4.6\,\mathrm{kg}$ とされている。ある地域において，50 人を無作為に選び，1 ケ月の米の消費量を調査したところ，標本平均 $4.8\,\mathrm{kg}$，不偏分散 $0.8\,\mathrm{kg}^2$ であった。この地域の住民 1 人当りの米の消費量は正規分布に従うとして，この地域の米の消費量が日本人全体と比較して多いといえるかどうかを有意水準 5% で仮説検定せよ。

【解答】 題意より，この検定は右側検定が適当である。母平均 μ に対して仮説をつぎのように立てる。

$$H_0 : \mu = \mu_0 = 4.6, \qquad H_1 : \mu > 4.6$$

母分散は未知であるが,標本の大きさ $n = 50$ なので大標本とみなす。帰無仮説 H_0 が正しいとすると,標本平均 $\overline{X}$,不偏分散 U^2 による検定統計量

$$Z = \frac{\overline{X} - \mu_0}{\dfrac{U}{\sqrt{n}}}$$

は近似的に標準正規分布 $N(0,1)$ に従う。また,有意水準 $\alpha = 0.05$ の右側検定であり,$z_\alpha = z_{0.05} = 1.645$ なので,棄却域は $R = [1.645, \infty)$ である(図 **6.12**)。

標本平均の実現値 $\overline{x} = 4.8$,不偏分散の実現値 $u^2 = 0.8$ より,Z の実現値は

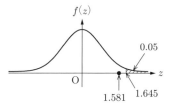

図 **6.12** $N(0,1)$ の右側検定の棄却域

$$Z_0 = \frac{4.8 - 4.6}{\dfrac{\sqrt{0.8}}{\sqrt{50}}} = \sqrt{\frac{50}{0.8}} \times 0.2 \fallingdotseq 1.581$$

である。Z_0 は棄却域 R に含まれないので,帰無仮説 H_0 は棄却されない。よって,この地域の米の消費量が日本人全体と比べて多いとはいえない。 ◇

例題 6.3 ある工場で生産されているの電球の平均寿命は,製品カタログによると 1800 時間とされている。カタログどおりであるかをチェックするために,10 個を無作為抽出し,その寿命を測定したところつぎのような結果が得られた。

  1788, 1789, 1792, 1794, 1804, 1796, 1802, 1797, 1793, 1794 〔時間〕

電球の寿命は正規分布に従うことがわかっているとき,その平均寿命がカタログどおりといってよいかどうかを有意水準 5% で仮説検定せよ。

【解答】 題意より,両側検定が適当である(もし新型電球の開発の場合など,寿命が長くなることはあっても短くなることはないことが事前にわかっている場合は右側検定が適当である)。母平均 μ に対して仮説をつぎのように立てる。

  $H_0 : \mu = \mu_0 = 1800, \quad H_1 : \mu \neq 1800$

標本の大きさを n,標本平均を $\overline{X}$,不偏分散を U^2 とするとき,帰無仮説 H_0 が正しいとすると,検定統計量

$$T = \frac{\overline{X} - \mu_0}{\dfrac{U}{\sqrt{n}}}$$

は自由度 $n - 1 = 9$ の t 分布に従う。また，有意水準 $\alpha = 0.05$ の両側検定であり，$t_{0.025}(9) = 2.262$ により，棄却域は $R = (-\infty, -2.262] \cup [2.262, \infty)$ である（図 **6.13**）。標本の大きさ $n = 10$，標本平均の実現値 $\overline{x} = \dfrac{17949}{10} = 1794.9$，不偏分散の実現値 $u^2 = \dfrac{234.9}{10 - 1} = 26.1$ であるから，T の実現値 T_0 は

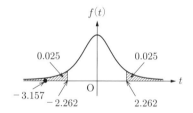

図 **6.13** t 分布の両側検定の棄却域

$$T_0 = \frac{\overline{x} - \mu_0}{\dfrac{u}{\sqrt{n}}} = \frac{1794.9 - 1800}{\dfrac{\sqrt{26.1}}{\sqrt{10}}} = -\sqrt{\frac{10}{26.1}} \times 5.1 \fallingdotseq -3.157$$

である。したがって，T_0 は棄却域 R に含まれるので，帰無仮説 H_0 は棄却される。よって，電球の平均寿命はカタログどおりではないといえる。 ◇

演習問題 6.1

【1】 20 歳の男子の背筋力の全国平均は 145 kg であるという。いま，ある大学の 20 歳の男子学生 20 人を無作為に選び背筋力の調査をしたところ，標本平均が 151.2 kg，不偏分散が 70.78 kg^2 であった。この大学の 20 歳の男子学生は全国と比べて背筋力があるといえるだろうか。有意水準 5% で仮説検定せよ。ただし，この大学の 20 歳の男子学生の背筋力の分布は正規分布に従うものとする。

【2】 ある土産物屋で売られているジャムについて，内容量は 300 g と表示されている。消費者団体がこのジャム 30 個について調べたところ，その標本平均は 296 g，標準偏差は 3.2 g であった。表示に誤りがあるといってよいだろうか。有意水準 5% で検定せよ。ただし，ジャムの内容量は正規分布に従うものとする。

6.3 母分散の検定

母分散の検定とは「母分散 σ^2 がある特定の値 σ_0^2 に等しいといえるかどうかを調べること」である.ここでは,正規母集団 $N(\mu, \sigma^2)$ から抽出された大きさ n の無作為標本による検定統計量を用いて母分散 σ^2 の仮説検定を行おう.有意水準を α とし,つぎのように仮説を立てる.

帰無仮説 $H_0 : \sigma^2 = \sigma_0^2$

対立仮説 $H_1 : \sigma^2 \neq \sigma_0^2$　　または　　$\sigma_0^2 < \sigma^2$　　または　　$\sigma^2 < \sigma_0^2$

帰無仮説 H_0 が正しいとすると,不偏分散 U^2 による統計量

$$\chi^2 = \frac{(n-1)U^2}{\sigma_0^2}$$

は自由度 $n-1$ の χ^2 分布に従うので,α をもとにした棄却域 R はつぎのようになる.

(i) 対立仮説が $H_1 : \sigma^2 \neq \sigma_0^2$ のとき,$R = [0, \chi_{1-\alpha/2}^2(n-1)] \cup [\chi_{\alpha/2}^2(n-1), \infty)$ (図 **6.14**)

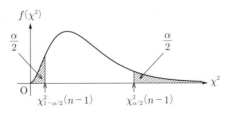

図 **6.14**　自由度 $n-1$ の χ^2 分布の両側検定の棄却域

(ii) 対立仮説が $H_1 : \sigma_0^2 < \sigma^2$ のとき,$R = [\chi_\alpha^2(n-1), \infty)$ (図 **6.15**)

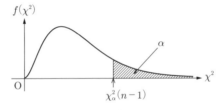

図 **6.15**　自由度 $n-1$ の χ^2 分布の右側検定の棄却域

(iii) 対立仮説が $H_1 : \sigma^2 < \sigma_0^2$ のとき，$R = [0, \chi_{1-\alpha}^2(n-1)]$（図 **6.16**）

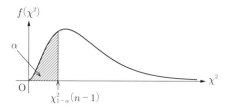

図 6.16 自由度 $n-1$ の χ^2 分布の左側検定の棄却域

ここで，不偏分散 U^2 の実現値 u^2 を用いて，χ^2 の実現値 $\chi_0^2 = \dfrac{(n-1)u^2}{\sigma_0^2}$ を計算し，χ_0^2 が R に含まれるならば帰無仮説 H_0 を棄却し，χ_0^2 が R に含まれないならば帰無仮説 H_0 を棄却しない。

例題 6.4 A 社では労働組合との話し合いにより社員の給与格差を抑えることを約束しており，同年齢の社員の給与の標準偏差は 8 万円以内であると公表している。これに疑問を持った労働組合が，30 歳の社員から 12 人を無作為抽出して給与調査を行ったところ，つぎのような結果が得られた。

22, 21, 37, 50, 39, 21, 22, 45, 22, 38, 22, 21 〔万円〕

会社と組合との約束が守られているかどうかを有意水準 5％ で検定せよ。ただし，社員の給与は正規分布に従っているものとする。

【解答】 題意より，右側検定が適当である（給与のばらつきが大きすぎるかどうかを問題としているため）。母分散 σ^2 について，つぎのように仮説を立てる。

帰無仮説 $H_0 : \sigma^2 = \sigma_0^2 = 8^2$, 　　対立仮説 $H_1 : \sigma^2 > 8^2$

標本の大きさを n，不偏分散を U^2 とするとき，帰無仮説 H_0 が正しいとすると，検定統計量

$$\chi^2 = \frac{(n-1)U^2}{\sigma_0^2}$$

は自由度 $n-1=11$ の χ^2 分布に従う。また，有意水準 $\alpha = 0.05$ の右側検定であり，$\chi_{0.05}^2(11) = 19.68$ により，棄却域は $R = [19.68, \infty)$（図 **6.17**）。一方，標本の大きさ，標本平均の実現値，不偏分散の実現値は，それぞれ

$n = 12, \ \overline{x} = \dfrac{360}{12} = 30,$

$u^2 = \dfrac{1318}{12-1} \fallingdotseq 119.82$

であるから，χ^2 の実現値 χ_0^2 は

$\chi_0^2 = \dfrac{(n-1)u^2}{\sigma_0^2}$

$= \dfrac{11 \times \dfrac{1318}{11}}{64} \fallingdotseq 20.594$

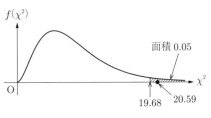

図 **6.17** χ^2 分布の右側検定の棄却域

である．したがって，χ_0^2 は棄却域 R に含まれるので帰無仮説 H_0 は棄却される．よって，会社側は組合との約束を守っていないといえる． ◇

演習問題 6.2

【1】 あるメーカーで製造されているボルトの直径の分散は $0.3^2 \, \text{mm}^2$ とされているが，ばらつきが大きいので新製法を開発した．新製法により製造されたボルトから 30 個を無作為抽出したところ不偏分散は $0.2^2 \, \text{mm}^2$ であった．ボルトの直径のばらつきは小さくなったといえるだろうか．有意水準 5% で検定せよ．ただし，このメーカー製のボルトの直径の分布は正規分布に従うものとする．

6.4 母比率の検定

母比率の検定とは「二項母集団の母比率 p が，ある特定の値 p_0 に等しいといえるかどうかを調べること」である．母比率が p である二項母集団から抽出された大きさ n の無作為標本の標本比率 $\widehat{P}$ を用いて，母比率 p の仮説検定を行おう．有意水準を α とし，つぎのように仮説を立てる．

　　帰無仮説 $H_0 : p = p_0$

　　対立仮説 $H_1 : p \neq p_0$ 　または 　$p_0 < p$ 　または 　$p < p_0$

n が十分大きいとき（区間推定のときと同様に $np \geqq 5$ かつ $n(1-p) \geqq 5$ であれば大標本として扱ってよい），帰無仮説 H_0 が正しいとすると，標本比率 $\widehat{P}$ に

よる統計量

$$Z = \frac{\widehat{P} - p_0}{\sqrt{\dfrac{p_0(1-p_0)}{n}}}$$

は近似的に標準正規分布 $N(0,1)$ に従うので，α をもとにした棄却域 R はつぎのようになる．

（ⅰ）対立仮説が $H_1 : p \neq p_0$ のとき，$R = (-\infty, -z_{\alpha/2}] \cup [z_{\alpha/2}, \infty)$（図 **6.18**）

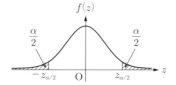

図 **6.18** $N(0,1)$ の両側検定の棄却域

（ⅱ）対立仮説が $H_1 : p_0 < p$ のとき，$R = [z_\alpha, \infty)$（図 **6.19**）

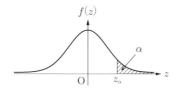

図 **6.19** $N(0,1)$ の右側検定の棄却域

（ⅲ）対立仮説が $H_1 : p < p_0$ のとき，$R = (-\infty, -z_\alpha]$（図 **6.20**）

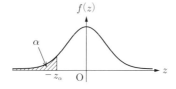

図 **6.20** $N(0,1)$ の左側検定の棄却域

ここで，標本比率 $\widehat{P}$ の実現値 $\widehat{p}$ を用いて，検定統計量 Z の実現値

を計算し，Z_0 が R に含まれるならば帰無仮説 H_0 を棄却し，Z_0 が R に含まれないならば帰無仮説 H_0 を棄却しない．

例題 6.5 ある議員が，現在審議されている法案について国民の8割は賛成していると主張している．いま，国民1000人を無作為に選び賛否を調査したところ，753人が賛成と答えた．法案についての賛成者の割合は8割より少ないといえるだろうか．有意水準5%で検定せよ．

【解答】 題意より，この検定は左側検定が適当である．国民全体におけるこの法案への賛成者の割合を p とし，仮説をつぎのように立てる．

帰無仮説 $H_0 : p = p_0 = 0.8$，　　対立仮説 $H_1 : p < 0.8$

帰無仮説 H_0 が正しいとすると，標本の大きさ $n = 1000$，母比率 $p = 0.8$ について，$np = 800 \geq 5$ かつ $n(1-p) = 200 \geq 5$ なので，標本比率 $\widehat{P}$ による統計量

$$Z = \frac{\widehat{P} - p_0}{\sqrt{\dfrac{p_0(1-p_0)}{n}}}$$

は近似的に標準正規分布 $N(0,1)$ に従う．有意水準 $\alpha = 0.05$ であり，$z_{0.05} = 1.645$ より，棄却域は $R = (-\infty, -1.645]$（図 6.21）．一方，Z の実現値は

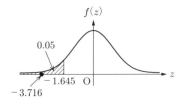

図 **6.21** 検定統計量の棄却域

$$Z_0 = \frac{\widehat{p} - p_0}{\sqrt{\dfrac{p_0(1-p_0)}{n}}} = \frac{\dfrac{753}{1000} - 0.8}{\sqrt{\dfrac{0.8(1-0.8)}{1000}}} = -\sqrt{\dfrac{1000}{0.16}} \times 0.047 \fallingdotseq -3.716$$

である．したがって，Z_0 は棄却域 R に含まれるので，帰無仮説 H_0 は棄却される．したがって，法案についての賛成者の割合は8割より少ないといえる． ◇

演習問題 6.3

【1】 ある工場において，これまで製品 A の不良品率は4%であった．最近，製造に用いる機械を新型に換えたので，製品 A を150個無作為抽出して調

べたところ，不良品は 4 個であった．不良品率は下がったといえるかどうかを有意水準 5% で検定せよ．

6.5 母平均の差の検定

本節では，二つの正規母集団について，その母平均に差があるかどうか（等しいか等しくないか）を検定する方法を述べる．正規母集団 $N(\mu_1, \sigma_1^2)$ から抽出された大きさ n_1 の無作為標本の標本平均を $\overline{X}$，不偏分散を U_1^2 とする．また，正規母集団 $N(\mu_2, \sigma_2^2)$ から抽出された大きさ n_2 の無作為標本の標本平均を $\overline{Y}$，不偏分散を U_2^2 とする．つぎのような〔1〕〜〔3〕の場合に分けて考えよう．

〔1〕 **母分散 σ_1^2, σ_2^2 が既知の場合**

この場合は，つぎのことが知られている．

母平均の差の検定（母分散が既知の場合）

上記の設定のもと，$\overline{X} - \overline{Y}$ は正規分布 $N\left(\mu_1 - \mu_2, \dfrac{\sigma_1^2}{n_1} + \dfrac{\sigma_2^2}{n_2}\right)$ に従う．

有意水準を α とし，つぎのように仮説を立てる．

帰無仮説 $H_0 : \mu_1 = \mu_2$ ［母平均に差はないという主張］

対立仮説 $H_1 : \mu_1 \neq \mu_2$ ［母平均に差はあるという主張］

帰無仮説 H_0 が正しいとすると，$\overline{X} - \overline{Y}$ は $N\left(0, \dfrac{\sigma_1^2}{n_1} + \dfrac{\sigma_2^2}{n_2}\right)$ に従う．よって，$\overline{X} - \overline{Y}$ を標準化した統計量

$$Z = \frac{\overline{X} - \overline{Y}}{\sqrt{\dfrac{\sigma_1^2}{n_1} + \dfrac{\sigma_2^2}{n_2}}}$$

は標準正規分布 $N(0,1)$ に従う．よって，α に対する棄却域は $R = (-\infty, -z_{\frac{\alpha}{2}}] \cup [z_{\frac{\alpha}{2}}, \infty)$ となる（図 **6.22**）．

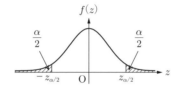

図 **6.22** $N(0,1)$ の両側検定の棄却域

となる．ここで，標本平均の実現値 $\overline{x}, \overline{y}$ を用いて，統計量 Z の実現値

$$Z_0 = \frac{\overline{x} - \overline{y}}{\sqrt{\dfrac{\sigma_1^2}{n_1} + \dfrac{\sigma_2^2}{n_2}}}$$

を計算し，Z_0 が R に含まれるならば帰無仮説 H_0 を棄却し，Z_0 が R に含まれないならば帰無仮説 H_0 を棄却しない．

〔2〕母分散 σ_1^2, σ_2^2 は未知だが $\sigma_1^2 = \sigma_2^2$ の場合

この場合はつぎのことが知られている．

母平均の差の検定（母分散が等しい場合）

上記の設定のもと，$\sigma_1^2 = \sigma_2^2$ であるならば

$$T = \frac{\overline{X} - \overline{Y} - (\mu_1 - \mu_2)}{\sqrt{(n_1 - 1)U_1^2 + (n_2 - 1)U_2^2}} \sqrt{\frac{n_1 n_2 (n_1 + n_2 - 2)}{n_1 + n_2}} \qquad (6.1)$$

は自由度 $n_1 + n_2 - 2$ の t 分布に従う．

有意水準を α とし，つぎのような仮説を立てる．

　　帰無仮説 $H_0 : \mu_1 = \mu_2$ 　[母平均に差はないという主張]

　　対立仮説 $H_1 : \mu_1 \neq \mu_2$ 　[母平均に差はあるという主張]

帰無仮説 H_0 が正しいとすると

$$T = \frac{\overline{X} - \overline{Y}}{\sqrt{(n_1 - 1)U_1^2 + (n_2 - 1)U_2^2}} \sqrt{\frac{n_1 n_2 (n_1 + n_2 - 2)}{n_1 + n_2}}$$

は自由度 $n_1 + n_2 - 2$ の t 分布に従う．よって，α に対する棄却域は

$$R = (-\infty, -t_{\alpha/2}(n_1 + n_2 - 2)] \cup [t_{\alpha/2}(n_1 + n_2 - 2), \infty)$$

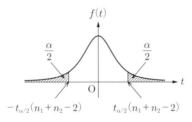

図 **6.23** 自由度 n_1+n_2-2 の t 分布の両側検定の棄却域

となる（図 **6.23**）．ここで，$\overline{X}, \overline{Y}, U_1^2, U_2^2$ の実現値 $\overline{x}, \overline{y}, u_1^2, u_2^2$ を用いて，統計量 T の実現値

$$T_0 = \frac{\overline{x}-\overline{y}}{\sqrt{(n_1-1)u_1^2+(n_2-1)u_2^2}}\sqrt{\frac{n_1n_2(n_1+n_2-2)}{n_1+n_2}} \tag{6.2}$$

を計算し，T_0 が R に含まれるならば帰無仮説 H_0 を棄却し，T_0 が R に含まれないならば帰無仮説 H_0 を棄却しない．

実際の問題においては，二つの母集団の母分散が等しいかどうかはわからないことが多い．そのような場合は，母分散が等しいと仮定してよいかを等分散の検定（次節で解説）で確認した上で，母平均の差の検定を行う．

〔**3**〕 **母分散 σ_1^2, σ_2^2 が未知で等しいと仮定できないとき**

この場合はつぎのことが知られている．

母平均の差の検定（母分散が未知で等しいと仮定できないとき）

$g_1 = u_1^2/n_1$, $g_2 = u_2^2/n_2$ とするとき，$H_0 : \mu_1 = \mu_2$ のもとで，

$T = \dfrac{\overline{X}-\overline{Y}}{\sqrt{\dfrac{U_1^2}{n_1}+\dfrac{U_2^2}{n_2}}}$ は近似的に自由度が $\dfrac{(g_1+g_2)^2}{\dfrac{g_1^2}{n_1-1}+\dfrac{g_2^2}{n_2-1}}$ に最も近い整数

ν^* の t 分布に従う．

この方法を**ウェルチの検定**という．

例題 6.6 内容量 $300\,\mathrm{g}$ の砂糖を製造している K 工場には，袋詰めを行う機械 A と機械 B がある．詰めた砂糖の内容量について，機械 A は標準偏

差 5g の正規分布,機械 B は標準偏差 4g の正規分布に従うことがわかっている. いま,それぞれの機械で袋詰めしたものから 100 袋ずつを無作為抽出し,内容量の標本平均を求めたところ機械 A は 302g,機械 B は 296g であった. 機械 A と機械 B で袋詰めされる砂糖の内容量の平均は等しいといえるかどうかを有意水準 1% で検定せよ.

【解答】 機械 A,機械 B で袋詰めされる砂糖の内容量の母平均をそれぞれ μ_1,μ_2 とし,仮説をつぎのように立てる.

帰無仮説 $H_0 : \mu_1 = \mu_2$,　対立仮説 $H_1 : \mu_1 \neq \mu_2$

帰無仮説 H_0 が正しいとすると,検定統計量

$$Z = \frac{\overline{X} - \overline{Y}}{\sqrt{\frac{\sigma_1^2}{n_1} + \frac{\sigma_2^2}{n_2}}}$$

は標準正規分布 $N(0,1)$ に従う. 有意水準 $\alpha = 0.01$ の両側検定であり,$z_{0.005} = 2.576$ により,棄却域は $R = (-\infty, -2.576] \cup [2.576, \infty)$ である (図 **6.24**).

一方,$n_1 = n_2 = 100$,$\sigma_1 = 5$,$\sigma_2 = 4$ であるから,Z の実現値は

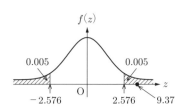

図 **6.24** 検定統計量の棄却域

$$Z_0 = \frac{\overline{x} - \overline{y}}{\sqrt{\frac{\sigma_1^2}{n_1} + \frac{\sigma_2^2}{n_2}}} = \frac{302 - 296}{\sqrt{\frac{5^2}{100} + \frac{4^2}{100}}} = \sqrt{\frac{100}{41}} \times 6 \fallingdotseq 9.370$$

であり,これは棄却域 R に入るので,帰無仮説 H_0 は棄却される. したがって,機械 A と機械 B で袋詰めされる砂糖の内容量の平均には差があるといえる. ◇

例題 6.7 同一の環境下で孵化した大量のある種類の魚を二つのグループに分け,一方のグループには餌 A を与え,他方のグループには餌 B を与えて 2 ケ月間飼育した. いま,餌 A で飼育されたグループから 10 匹,餌 B で飼育されたグループから 8 匹を無作為に選び,体重〔g〕を測定したところ,表 **6.2** のような結果が得られた. 各グループの魚の体重は等分散の正

6.5 母平均の差の検定

表 **6.2** 餌 A と餌 B で飼育された魚の体重のデータ

餌 A	82	104	91	103	97	82	85	102	78	98
餌 B	109	101	113	105	107	87	110	114		

規分布に従うとするとき，餌 A と餌 B によって魚の体重の平均に差があるといえるかどうかを有意水準 5%で検定せよ．

【解答】 餌 A，餌 B で飼育された魚の体重の母平均をそれぞれ μ_1, μ_2 とし，つぎのように仮説を立てる．

帰無仮説 $H_0 : \mu_1 = \mu_2$，　　対立仮説 $H_1 : \mu_1 \neq \mu_2$

餌 A で飼育されたグループについて，標本の大きさを n_1，標本平均を $\overline{X}$，不偏分散を U_1^2 とし，餌 B で飼育されたグループについて，標本の大きさを n_2，標本平均を $\overline{Y}$，不偏分散を U_2^2 とする．帰無仮説 H_0 が正しいとすると，検定統計量

$$T = \frac{\overline{X} - \overline{Y}}{\sqrt{(n_1-1)U_1^2 + (n_2-1)U_2^2}} \sqrt{\frac{n_1 n_2 (n_1 + n_2 - 2)}{n_1 + n_2}}$$

は自由度 $n_1 + n_2 - 2 = 16$ の t 分布に従う．有意水準 $\alpha = 0.05$ の両側検定であり，$t_{0.025}(16) = 2.120$ なので，棄却域は $R = (-\infty, -2.120] \cup [2.120, \infty)$ である（図 **6.25**）．一方，与えられたデータより，餌 A で飼育された魚について，標本の大きさ $n_1 = 10$，標本平均の実現値 $\overline{x} = 92.2$，不偏分散の実現値 $u_1^2 = \dfrac{871.6}{9} \fallingdotseq 96.844$ である．また，餌 B で飼育された魚につ

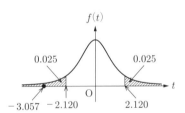

図 **6.25** t 分布の両側検定の棄却域

いて，標本の大きさ $n_2 = 8$，標本平均の実現値 $\overline{y} = 105.75$，不偏分散の実現値 $u_2^2 = \dfrac{525.5}{7} \fallingdotseq 75.071$ であるから，T の実現値は

$$T_0 = \frac{\overline{x} - \overline{y}}{\sqrt{(n_1-1)u_1^2 + (n_2-1)u_2^2}} \sqrt{\frac{n_1 n_2 (n_1 + n_2 - 2)}{n_1 + n_2}}$$

$$= \frac{92.2 - 105.75}{\sqrt{9 \times \dfrac{871.6}{9} + 7 \times \dfrac{525.5}{7}}} \sqrt{\frac{10 \times 8(10 + 8 - 2)}{10 + 8}} \fallingdotseq -3.057$$

であり，これは棄却域 R に入るので，帰無仮説 H_0 は棄却される．したがって，

餌 A と餌 B で体重の平均に差があるといえる。　　　　　　　◇

演習問題 6.4

【1】 ある格闘技の大会で行われた無差別級（体重に制限のない種目）の 40 試合において，勝者の平均体重は $67.3\,\mathrm{kg}$，敗者の平均体重は $64.1\,\mathrm{kg}$ であった。勝者の体重，敗者の体重はそれぞれ分散が $7.48\,\mathrm{kg}^2$，$11.17\,\mathrm{kg}^2$ の正規分布に従うとするとき，選手の体重が試合結果に影響するかどうかを有意水準 5% で仮説検定せよ。

【2】 ある自動車会社が車種 A の新型車を発表した。車種 A について，旧型車から 30 台，新型車から 32 台を無作為抽出し，燃費（ガソリン $1\,l$ 当りの走行距離）を測ったところ，旧型車は標本平均 $19.8\,\mathrm{km}/l$，不偏分散 $18.25\,\mathrm{km}^2/l^2$ で，新型車は標本平均 $23.1\,\mathrm{km}/l$，不偏分散 $15.70\,\mathrm{km}^2/l^2$ であった。旧型車と新型車の燃費は正規分布に従い，互いの母分散は等しいと仮定して，旧型車と新型車の燃費に違いがあるかどうかを有意水準 5% で検定せよ。

6.6 等分散の検定

本節では，二つの正規母集団について，その母分散に差があるかどうか（等しいか等しくないか）を検定する方法を述べる。前節の〔2〕において，等分散性 $\sigma_1^2 = \sigma_2^2$ の仮定のもとで検定を行ったが，実際のところ母分散が等しいかどうかはわからないことが多い。そこで，母分散が等しいかどうかを検定する必要が生じるのである。

二つの正規母集団 $N(\mu_1, \sigma_1^2)$，$N(\mu_2, \sigma_2^2)$ から抽出された大きさ n_1, n_2 の無作為標本の不偏分散をそれぞれ U_1^2，U_2^2 とする。また，有意水準を α とし，つぎのように仮説を立てる。

　　　帰無仮説 $H_0 : \sigma_1^2 = \sigma_2^2$　　［母分散は等しいという主張］
　　　対立仮説 $H_1 : \sigma_1^2 \neq \sigma_2^2$　　［母分散は異なるという主張］

帰無仮説 H_0 が正しいとすると，式 (4.20) より

$$F = \frac{\dfrac{U_1^2}{\sigma_1^2}}{\dfrac{U_2^2}{\sigma_2^2}} = \frac{U_1^2}{U_2^2}$$

は自由度 (n_1-1, n_2-1) の F 分布に従う．ここで，U_1^2, U_2^2 の実現値 u_1^2, u_2^2 を求め，その大小関係に応じて，つぎのように判断する．

(1) $u_1^2 > u_2^2$ のとき

α に対する棄却域を $R = [F_{\alpha/2}(n_1-1, n_2-1), \infty)$ とし，$F_0 = \dfrac{u_1^2}{u_2^2}$ が R に含まれるならば帰無仮説 H_0 を棄却し，含まれないならば帰無仮説 H_0 を棄却しない．

(2) $u_1^2 < u_2^2$ のとき

α に対する棄却域を $R = [F_{\alpha/2}(n_2-1, n_1-1), \infty)$ とし，$F_0 = \dfrac{u_2^2}{u_1^2}$ が R に含まれるならば帰無仮説 H_0 を棄却し，含まれないならば帰無仮説 H_0 を棄却しない．

例題 6.8 全国的に行われた模擬試験について，英語の受験者から無作為に選ばれた 10 名の英語の得点と，数学の受験者から無作為に選ばれた 12 名の数学の得点を調べたところ**表 6.3** のような結果が得られた．

表 6.3 英語と数学の得点のデータ

英語	51	84	70	80	61	62	74	71	75	90		
数学	49	63	61	68	50	34	63	67	53	70	61	69

英語と数学では，得点のばらつきに違いがあるといえるだろうか．有意水準 5% で検定せよ．ただし，英語の得点および数学の得点の分布は，それぞれ正規分布に従うものとする．

【解答】 英語，数学の得点の母分散をそれぞれ σ_1^2, σ_2^2 とし，つぎのように仮説を立てる．

帰無仮説 $H_0 : \sigma_1^2 = \sigma_2^2$，　　対立仮説 $H_1 : \sigma_1^2 \neq \sigma_2^2$

帰無仮説 H_0 が正しいとするとき，検定統計量

$$F = \frac{U_1^2}{U_2^2}$$

は自由度 $(9, 11)$ の F 分布に従う．英語と数学の得点の平均はそれぞれ $\overline{x} = 71.8$, $\overline{y} = 59$ であり，不偏分散はそれぞれ $u_1^2 = \dfrac{1211.6}{10-1} \fallingdotseq 134.622$, $u_2^2 = \dfrac{1248}{12-1} \fallingdotseq 113.455$ である．また，有意水準 $\alpha = 0.05$ であり，$u_1^2 > u_2^2$ なので，棄却域は $R = [F_{0.025}(9, 11), \infty) = [3.588, \infty)$ である．いま，F の実現値 F_0 は $F_0 = \dfrac{u_1^2}{u_2^2} \fallingdotseq 1.187$ であり，これは棄却域 R に入らないので，帰無仮説 H_0 は棄却されない．したがって，英語と数学の試験の得点の母分散が異なるとはいえない． ◇

演習問題 6.5

【1】 2種類の肥料 A, B がある．ある作物の栽培において，20 ケ所の面積の等しい畑のうち 10 ケ所には肥料 A を，残りの 10 ケ所には肥料 B を使用し，その収穫高を調べたところ**表 6.4** のような結果が得られた．肥料 A と肥料 B とでは，収穫高のばらつきに違いがあるといえるだろうか．収穫高は正規分布に従うとし，有意水準 5% で検定せよ．

表 6.4 収穫高のデータ

肥料 A	11.5	12.4	14.0	13.5	10.4	11.5	9.7	12.1	14.4	8.2
肥料 B	11.2	8.1	8.2	11.3	5.5	9.0	10.2	9.9	9.7	13.4

6.7 適合度の検定

実験や調査により得られた度数分布が，想定した確率分布と適合しているかどうかを検定することを考える．例えば，つぎのような問題である．

例題 6.9 あるサイコロを 180 回繰り返し振り，出た目を記録したところ表 6.5 のような結果が得られた．

表 6.5 サイコロの出た目のデータ

出た目	1	2	3	4	5	6	合計
出た回数	39	27	25	32	38	19	180

このサイコロは，どの目の出る確率も $\frac{1}{6}$ であるといってよいだろうか．

このような場合に行われるのが適合度の検定である．まずは一般的に説明しておこう．母集団が互いに排反な m 個のカテゴリー $A_1, A_2, \cdots, A_m$ に分類されているとする．この母集団から大きさ n の無作為標本を抽出したとき，各カテゴリーに属するものの度数をそれぞれ $X_1, X_2, \cdots, X_m$ とし，その実現値をそれぞれ $x_1, x_2, \cdots, x_m$ とする（ただし，$x_1 + x_2 + \cdots + x_m = n$）．この $X_1, X_2, \cdots, X_m$ を**観測度数**という．これをもとに

帰無仮説 H_0：各カテゴリー $A_1, A_2, \cdots, A_m$ の確率はそれぞれ
$p_1, p_2, \cdots, p_m$ である（$p_1 + p_2 + \cdots + p_m = 1$）

を検定することを**適合度の検定**という．帰無仮説 H_0 が正しいとするとき，大きさ n の標本に関し，各カテゴリーの度数は $np_1, np_2, \cdots, np_m$ であることが期待される．これを**期待度数**または**理論度数**という（表 **6.6**）．

表 **6.6** 期待度数と観測度数

カテゴリー	A_1	A_2	$\cdots$	A_j	$\cdots$	A_m	合計
確率	p_1	p_2	$\cdots$	p_j	$\cdots$	p_m	1
期待度数	np_1	np_2	$\cdots$	np_j	$\cdots$	np_m	n
観測度数	x_1	x_2	$\cdots$	x_j	$\cdots$	x_m	n

適合度の検定においては，つぎのことが知られている．

── 適合度の検定 ──

母集団が互いに排反な m 個のカテゴリー $A_1, A_2, \cdots, A_m$ に分類されているならば，確率 $P(A_j) = p_j$ $(j = 1, 2, \cdots, m)$ は $p_1 + p_2 + \cdots + p_m = 1$ を満たす．ここで，n 回の独立試行のうち事象 A_j の観測度数を X_j $(j = 1, 2, \cdots, m)$ とすると，n が十分大きいならば，確率変数

$$\chi^2 = \sum_{j=1}^{m} \frac{(X_j - np_j)^2}{np_j} \tag{6.3}$$

は近似的に自由度 $m - 1$ の χ^2 分布に従う．

注意：すべての j に対して，$np_j \geqq 5$ であれば，上記の近似を用いてよいとされている．成り立たない場合は，隣り合うカテゴリーを合併するなどして，条件を満たすように問題の設定を変更すればよい．

有意水準を α とする．帰無仮説 H_0 が正しいとするとき，n が十分大きいならば，検定統計量

$$\chi^2 = \sum_{j=1}^{m} \frac{(X_j - np_j)^2}{np_j}$$

は自由度 $m-1$ の χ^2 分布に従うので，α に対する棄却域は $R = [\chi_\alpha^2(m-1), \infty)$ となる（図 **6.26**）．ここで，統計量 χ^2 の実現値

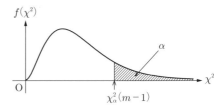

図 **6.26** χ^2 分布の右側検定の棄却域

$$\chi_0^2 = \sum_{j=1}^{m} \frac{(x_j - np_j)^2}{np_j} \tag{6.4}$$

を計算し，χ_0^2 が R に含まれるならば帰無仮説 H_0 を棄却し，χ_0^2 が R に含まれないならば帰無仮説 H_0 を棄却しない．

式 (6.3) からわかるように，期待度数と観測度数の差が大きいほど χ^2 の値は大きく，その差が小さいほど χ^2 の値は小さい．χ^2 の値が小さいということは，観測度数が期待度数にうまく当てはまることを意味しているので，この検定は右側検定で行う．また，対立仮説を考慮すると問題が起こることが指摘されており，対立仮説は設けない．

【例題 **6.9** の解答】

有意水準を $\alpha = 0.05$ として検定を行う．帰無仮説を

　　H_0：どの目の出る確率も $1/6$

とする．H_0 が正しいとするとき，検定統計量 $\chi^2 = \sum_{j=1}^{6} \frac{(X_j - np_j)^2}{np_j}$ は自由度 $6-1=5$ の χ^2 分布に従う．また，有意水準 $\alpha = 0.05$ であり $\chi_{0.05}^2(5) = 11.07$ なので，棄却

域は $R = [11.07, \infty)$ である．ここで，確率，期待度数，観測度数をまとめると**表 6.7**のようになる．

表 6.7　期待度数と観測度数

サイコロの出た目	1	2	3	4	5	6	合計
確率	$\frac{1}{6}$	$\frac{1}{6}$	$\frac{1}{6}$	$\frac{1}{6}$	$\frac{1}{6}$	$\frac{1}{6}$	1
期待度数	30	30	30	30	30	30	180
観測度数	39	27	25	32	38	19	180

一方，χ^2 の実現値は

$$\chi_0^2 = \frac{(39-30)^2}{30} + \frac{(27-30)^2}{30} + \frac{(25-30)^2}{30} + \frac{(32-30)^2}{30}$$
$$\quad + \frac{(38-30)^2}{30} + \frac{(19-30)^2}{30}$$
$$= \frac{152}{15} \fallingdotseq 10.133$$

となる．よって，χ_0^2 は R に含まれないため，仮説 H_0 は棄却されない．したがって，このサイコロは正しく作られているということを否定できない．　　　　　$\diamondsuit$

注意：サイコロの一つの目に着目して，「1 の目が確率 $\frac{1}{6}$ で出るかどうか」などを検定する場合は，6.4 節で学んだ母比率の検定を行う．例題 6.9 では，すべての目に着目して，「六つの目すべてが確率 $\frac{1}{6}$ で出るかどうか」を検定している．

演習問題 6.6

【1】　メンデルの遺伝の法則によれば $3:2:2:1$ の割合で生じるとされているある植物の遺伝的形質について，320 本の調査では $117:75:88:40$ であった．この調査結果はメンデルの法則を認めてよいかどうかを有意水準 5％で検定せよ．

6.8　独立性の検定

二つの属性 A と B が独立であるかどうかを検定することを考える．例えばつぎのような問題を考えよう．

例題 6.10　ある大学で無作為に選ばれた 200 人の学生に対して，インフルエンザの予防接種を受けたかどうか，そして今年インフルエンザにかかったどうかのアンケートを行ったところ，**表 6.8** のような結果が得られた．

表 6.8　予防接種とインフルエンザに関するデータ

	予防接種を受けた	受けなかった	合計
インフルエンザにかかった	32	8	40
インフルエンザにかからなかった	108	52	160
合計	140	60	200

予防接種はインフルエンザに有効であったといえるかどうかを有意水準 5% で検定したい．

このような場合は独立性の検定を行う．まずは一般的に説明しておこう．母集団が二つの属性 A, B の両方について，互いに排反な l 個のカテゴリー $A_1, A_2, \cdots, A_l$ と m 個のカテゴリー $B_1, B_2, \cdots, B_m$ に分けられているとする．この母集団から大きさ n の標本を無作為抽出したとき，A_i かつ B_j に属する観測度数を X_{ij} とする（$i = 1, 2, \cdots, l; j = 1, 2, \cdots, m$）．これを表にすると**表 6.9** のようになる．この表を $l \times m$ **分割表**という．

表 6.9　$l \times m$ 分割表

	B_1	B_2	$\cdots$	B_m	合計
A_1	X_{11}	X_{12}	$\cdots$	X_{1m}	$X_{1\cdot}$
A_2	X_{21}	X_{22}	$\cdots$	X_{2m}	$X_{2\cdot}$
$\vdots$	$\vdots$	$\vdots$	$\vdots$	$\vdots$	$\vdots$
A_l	X_{l1}	X_{l2}	$\cdots$	X_{lm}	$X_{l\cdot}$
合計	$X_{\cdot 1}$	$X_{\cdot 2}$	$\cdots$	$X_{\cdot m}$	n

ただし，$X_{\cdot j} = \sum_{i=1}^{l} X_{ij}$, $X_{i \cdot} = \sum_{j=1}^{m} X_{ij}$, $\sum_{i=1}^{l} X_{i\cdot} = \sum_{j=1}^{m} X_{\cdot j} = n$ である．このとき

　　帰無仮説 H_0：A と B は独立である

を検定することを**独立性の検定**という。A と B が独立であるとは、すべての i, j の組に対して

$$P(A_i \cap B_j) = P(A_i)P(B_j) \quad (i = 1, 2, \cdots, l; \, j = 1, 2, \cdots, m) \tag{6.5}$$

が成り立つことである。この独立性の仮定のもとで X_{ij} に対応する期待度数を Y_{ij} とする。このとき、$P(A_i)$, $P(B_j)$ の推定量をそれぞれ $\widehat{P}(A_i)$, $\widehat{P}(B_j)$ と表すと

$$\widehat{P}(A_i) = X_{i\cdot}/n, \qquad \widehat{P}(B_j) = X_{\cdot j}/n \tag{6.6}$$

となることが知られているので、独立性の仮定から期待度数の推定量は

$$\widehat{Y}_{ij} = n \times \widehat{P}(A_i) \times \widehat{P}(B_j) = \frac{X_{i\cdot}X_{\cdot j}}{n}$$

$$(i = 1, 2, \cdots, l; \, j = 1, 2, \cdots, m) \tag{6.7}$$

となる。独立性の検定においては、つぎのことが知られている。

独立性の検定

上記の設定のもと、A と B が独立であるとき、n が十分大きければ

$$\chi^2 = \sum_{i=1}^{l} \sum_{j=1}^{m} \frac{\left(X_{ij} - \dfrac{X_{i\cdot}X_{\cdot j}}{n}\right)^2}{\dfrac{X_{i\cdot}X_{\cdot j}}{n}} \tag{6.8}$$

は近似的に自由度 $(l-1)(m-1)$ の χ^2 分布に従う。

注意: (1) すべての i, j に対して、$\dfrac{X_{i\cdot}X_{\cdot j}}{n} \geqq 5$ であれば、上記の近似を用いてよいとされている。

(2) $l = m = 2$ の場合、式 (6.8) は

$$\chi^2 = \frac{n(X_{11}X_{22} - X_{12}X_{21})^2}{(X_{11}+X_{12})(X_{21}+X_{22})(X_{11}+X_{21})(X_{12}+X_{22})} \tag{6.9}$$

と表すこともできる。

有意水準を α とする。帰無仮説 H_0 が正しいとすると，n が十分大きいならば検定統計量

$$\chi^2 = \sum_{i=1}^{l} \sum_{j=1}^{m} \frac{\left(X_{ij} - \dfrac{X_{i.} X_{.j}}{n}\right)^2}{\dfrac{X_{i.} X_{.j}}{n}}$$

は自由度 $(l-1)(m-1)$ の χ^2 分布に従う。よって，α に対する棄却域は $R = [\chi^2_\alpha((l-1)(m-1)), \infty)$ となる（図 **6.27**）。

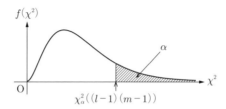

図 6.27 自由度 $(l-1)(n-1)$ の χ^2 分布の右側検定の棄却域

ここで，統計量 χ^2 の実現値

$$\chi^2_0 = \sum_{i=1}^{l} \sum_{j=1}^{m} \frac{\left(x_{ij} - \dfrac{x_{i.} x_{.j}}{n}\right)^2}{\dfrac{x_{i.} x_{.j}}{n}} \tag{6.10}$$

を計算し，χ^2_0 が棄却域 R に含まれるならば帰無仮説 H_0 を棄却し，含まれないならば帰無仮説 H_0 を棄却しない。

注意：適合度検定のときと同様に，期待度数と観測度数の差が大きいほど χ^2 の値は大きく，その差が小さいほど χ^2 の値は小さい。したがって，この検定は右側検定で行う。

【例題 **6.10** の解答】
有意水準を $\alpha = 0.05$ として検定を行う。帰無仮説を

H_0：予防接種とインフルエンザは無関係である

とする．また，X_{ij} $(i=1,2;j=1,2)$ を表 **6.10** のようにおく．

表 6.10 2×2 分割表

	予防接種を受けた	受けなかった	合計
インフルエンザにかかった	X_{11}	X_{12}	$X_{1\cdot}$
インフルエンザにかからなかった	X_{21}	X_{22}	$X_{2\cdot}$
合計	$X_{\cdot 1}$	$X_{\cdot 2}$	n

このとき，期待度数の推定値は**表 6.11** のようになる．H_0 が正しいとするとき，検定統計量

$$\chi^2 = \sum_{i=1}^{2} \sum_{j=1}^{2} \frac{\left(X_{ij} - \dfrac{X_{i\cdot} X_{\cdot j}}{n}\right)^2}{\dfrac{X_{i\cdot} X_{\cdot j}}{n}}$$

は自由度 $(2-1)(2-1)=1$ の χ^2 分布に従う．有意水準 $\alpha=0.05$ であり，$\chi^2_{0.05}(1)=3.841$ なので，棄却域は $R=[3.841,\infty)$ である．一方，検定統計量 χ^2 の実現値は

$$\chi_0^2 = \frac{(32-28)^2}{28} + \frac{(8-12)^2}{12} + \frac{(108-112)^2}{112} + \frac{(52-48)^2}{48} = \frac{50}{21} \fallingdotseq 2.381$$

表 6.11 期待度数の推定値

	予防接種を受けた	受けなかった	合計
インフルエンザにかかった	$\dfrac{40 \cdot 140}{200} = 28$	$\dfrac{40 \cdot 60}{200} = 12$	40
インフルエンザにかからなかった	$\dfrac{160 \cdot 140}{200} = 112$	$\dfrac{160 \cdot 60}{200} = 48$	160
合計	140	60	200

となる．よって，χ_0^2 は棄却域 R に含まれないので，仮説 H_0 は棄却されない．したがって，予防接種とインフルエンザが無関係であることを否定できない． ◇

演習問題 6.7

【1】 毎日 1 時間以上テレビを見るという男女 250 名に，最もよく見るテレビ番組のジャンルに関するアンケートをとったところ，**表 6.12** のような結果が得られた．

表 6.12 よく見るテレビ番組のジャンルのデータ

	ドラマ	報道	バラエティー	スポーツ	その他	合計
男性	23	28	28	31	27	137
女性	32	29	24	16	12	113
合計	55	57	52	47	39	250

この結果をもとに，最もよく見るテレビのジャンルは性別に関係があるかどうかを有意水準 5% で検定せよ。

7 分散分析法

この章では,仮説検定の応用として,分散分析法について学ぶ.ある特性についてのデータは種々の要因(因子)が影響して,ばらついていると考えられる.そこで,データをもとに,指定された因子の影響が認められるか否かを検定する方法が分散分析法である.ここでは,対象となる因子が一つの場合の1元配置法,因子が二つの場合の2元配置法について述べる.特に,繰り返しがある2元配置法では,二つの因子の各々の水準間の組合せによって現れる交互作用についても学ぶ.

7.1 分散分析法とは

生物学,薬学等の多くの分野で効率的な実験を計画し,実施するために実験計画法が広く用いられる.その実験計画法の基本理論として分散分析法がある.例えば,つぎのような例を考えよう.ある鋼材(個体)の特性として,強度,重量,寿命等があるが,その中で材料の強度に着目する.材料の強度に影響すると思われる要因として,原料の配合割合,添加物の量,温度,圧力などが考えられる.そこで,これらの要因の条件を変えて強度を調べる実験を行い,観測値のばらつきをもとにそれらの要因が強度に影響するかどうかを統計的に検定する.このような方法を**分散分析法**という.また,これらの要因の中で実験上考慮しなくてはならない要因を**因子**と呼ぶ.

分散分析法を適用するに当たり,初めに因子を指定し,その因子を分析の目的に合わせて分類する.例えば添加物の量が材料の強度に影響するかどうかを調べ

るとき，その添加物の量を因子 A とし，A の量を A_1 (10g), A_2 (11g), A_3 (12g) の 3 条件に設定する．このとき A_1, A_2, A_3 を因子 A の**水準**という．各水準について繰り返し実験を行い，得られた強度についての観測値をもとに，水準間のばらつきに注目し，添加物の量 A が材料の強度に影響するかどうかを検定する．

ここで，原料の配合割合，添加物の量，温度，圧力などわれわれが制御できる因子を**制御因子**という．品種，銘柄，生産地などの水準を分類とする因子も制御因子である．通常，観測値は同一の環境条件のもとで実験を繰り返してもばらつきが生じるが，それを**偶然誤差**と呼ぶ．しかし，まったく同一の環境条件のもとで実験を行うことは難しい場合もある．例えば，4 人の工員が一つの作業を交替で行うとき，工員の熟練度により収率が異なる場合もある．また 1 日に朝，昼，夕ごとに 1 回，計 3 回の実験を行うとき，厳密には各時間帯によって，室内の温度や湿度は異なり，実験結果に影響が出るかもしれない．このように時間，場所，個人，装置などの差異に起因するばらつきを**系統誤差**という．この系統誤差の影響を避けるため，因子の各水準間の実験順序を無作為に決めることにより系統誤差を偶然誤差へ転化する．

分散分析法においては，対象となる因子が一つの場合は **1 元配置法**，因子が二つ以上になると**多元配置法**という．ここでは，1 元配置法，2 元配置法について述べる．繰り返しがある 2 元配置法では，二つの因子の各々の水準間の組合せによって現れる特別な効果である交互作用についても検定できる．

7.2　1 元 配 置 法

1 元配置法とは，ある特性（反応）について，影響すると思われる一つの因子を指定し，その因子についていくつかの水準を設定し，各水準について繰り返し実験により得られた観測値のばらつきをもとに，その因子が特性に影響するかどうかを検定する方法である．

7.2.1 実験順序の無作為化

ここでは，実験順序と系統誤差について考える．例えば，加工時の温度（因子 A）が材料の強度に影響するかどうかを調べるとしよう．そこで，因子 A について三つの水準 A_1 (70°C)，A_2 (80°C)，A_3 (90°C) を設定し，各水準について実験を 4 回繰り返し，計 12 回の実験をある工場で実施する．この 12 回の実験を指定した日に，同じ環境条件のもとで，同時に実施できるときは，観測値のばらつきは偶然誤差だけを考えればよい．しかし，この実験を 1 日 4 回までしか行えないとする．そこで，**表 7.1** のような実験順序で，1 日目は A_1 について，2 日目は A_2 について，3 日目は A_3 について，それぞれ 4 回ずつ実験を行ったとする．しかし，この工場では実施日の温度，湿度等の環境条件の違いにより，材料の強度に多少のばらつきが生じることが予想されるとき，それを系統誤差が生じると捉えなくてはならない．すなわち，系統誤差が原因で各水準での観測値に偏りが生じ，一見，水準間にばらつきの差があるように見えてしまう可能性がある．そこで，この系統誤差を偶然誤差へ転化するため，実験順序の無作為化が必要となる．

実験の順序を無作為化するためにはサイコロや乱数を利用する．例えば，サイコロを投げ続け 1, 2, 3 の目が各 4 回現れたとき，その出現順序に従って記録する．いま，$2, 1, 2, 3, 1, 1, 3, 2, 3, 2, 1, 3$ と記録されたとき，この数字を水準の添え字に示すと

$$A_2, A_1, A_2, A_3, A_1, A_1, A_3, A_2, A_3, A_2, A_1, A_3$$

となる．この順序に従って実験を行えばよい．この無作為化された実験順序を **表 7.2** に示す．

表 7.1　無作為化されない実験順序

因子 A の水準	実験順序			
A_1	1	2	3	4
A_2	5	6	7	8
A_3	9	10	11	12

表 7.2　無作為化された実験順序

因子 A の水準	実験順序			
A_1	2	5	6	11
A_2	1	3	8	10
A_3	4	7	9	12

7.2.2 平方和の分解

ある県で職種（因子 A）が年収に影響するかを調べるとする．そこで，k 種類の職業 $A_1, A_2, \cdots, A_k$ を水準とし，各水準から $n_1, n_2, \cdots, n_k$〔人〕の就業者を無作為に抽出し，年収を記録したものを**表 7.3** に示す．

表 7.3 1 元配置法の観測値

職種の水準	年収（繰り返し観測値）				水準の観測値の和	水準の平均
A_1	x_{11}	x_{12}	$\cdots$	x_{1n_1}	T_1	$\overline{x}_1$
A_2	x_{21}	x_{22}	$\cdots$	x_{2n_2}	T_2	$\overline{x}_2$
$\vdots$	$\vdots$	$\vdots$	$\vdots$	$\vdots$	$\vdots$	$\vdots$
A_k	x_{k1}	x_{k2}	$\cdots$	x_{kn_k}	T_k	$\overline{x}_k$
					総和 T	全平均 $\overline{x}$

ここで，水準の観測値の和，水準の平均はそれぞれ

$$T_i = \sum_{j=1}^{n_i} x_{ij}, \qquad \overline{x}_i = \frac{T_i}{n_i} \qquad (i = 1, \cdots, k) \tag{7.1}$$

である．また，総和，全平均はそれぞれ

$$T = \sum_{i=1}^{k} T_i, \qquad \overline{x} = \frac{T}{N} \qquad (N = n_1 + n_2 + \cdots + n_k) \tag{7.2}$$

である．図 **7.1** は表 7.3 の観測値，水準の平均，全平均の関係をイメージしたものであり，横軸が水準，縦軸が観測値の大きさを示す．

いま第 A_i $(i = 1, \cdots, k)$ 水準の第 j $(j = 1, \cdots, n_i)$ 番目の観測値のモデル

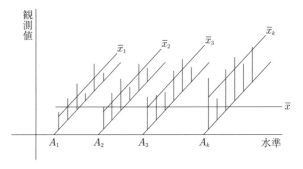

図 7.1 観測値，水準の平均と全平均の関係

をつぎのように仮定する。

$$x_{ij} = \mu + a_i + e_{ij} = \mu_i + e_{ij} \quad (i = 1, \cdots, k \,;\, j = 1, \cdots, n_i) \quad (7.3)$$

ここで, μ はこの実験でのすべての反応の母平均を表す定数で**一般平均**と呼ぶ。a_i は因子 A の効果による μ からのずれの度合いを表し

$$\sum_{i=1}^{k} a_i = 0 \qquad (7.4)$$

とする。a_i を因子 A の**主効果**と呼ぶ。また, e_{ij} は偶然誤差を表し, 互いに独立で, 正規分布 $N(0, \sigma^2)$ に従うと仮定する。こ

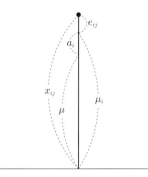

図 **7.2** A_i 水準の第 j 番目の観測値

こで分散 σ^2 は未知で, すべての水準を通して共通とする。μ_i は水準 A_i での反応の母平均を表す。これより, 観測値 x_{ij} は正規分布 $N(\mu_i, \sigma^2)$ に従う。図 **7.2** は式 (7.3) をイメージしたものである。いま

$$x_{ij} - \overline{x} = (\overline{x}_i - \overline{x}) + (x_{ij} - \overline{x}_i) \qquad (7.5)$$

と表し, この両辺を 2 乗してから i と j について和をとると

$$\sum_{i=1}^{k}\sum_{j=1}^{n_i}(x_{ij} - \overline{x})^2 = \sum_{i=1}^{k}\sum_{j=1}^{n_i}(\overline{x}_i - \overline{x})^2 + \sum_{i=1}^{k}\sum_{j=1}^{n_i}(x_{ij} - \overline{x}_i)^2 \qquad (7.6)$$

が得られる $\left(\sum_{j=1}^{n_i}(\overline{x}_i - \overline{x})(x_{ij} - \overline{x}_i) = 0\right.$ であることに注意$\left.\right)$。式 (7.6) の左辺を**全変動**といい S で表す。また, 右辺第 1 項を**因子 A による変動**といい S_A で表し, 右辺第 2 項を**誤差変動**といい S_E で表す。この式 (7.6) を変動要因への分解という。式 (7.1), (7.2) を用いると, S, S_A, S_E は

$$S = \sum_{i=1}^{k}\sum_{j=1}^{n_i}(x_{ij} - \overline{x})^2 = \sum_{i=1}^{k}\sum_{j=1}^{n_i}x_{ij}^2 - \frac{T^2}{N} \qquad (7.7)$$

$$S_A = \sum_{i=1}^{k}\sum_{j=1}^{n_i}(\overline{x}_i - \overline{x})^2 = \sum_{i=1}^{k}\frac{T_i^2}{n_i} - \frac{T^2}{N} \qquad (7.8)$$

$$S_E = \sum_{i=1}^{k}\sum_{j=1}^{n_i}(x_{ij}-\overline{x}_i)^2 \tag{7.9}$$

と表すことができ，式 (7.6) より

$$S = S_A + S_E \tag{7.10}$$

と表せる．全変動 S は，すべての観測値のばらつきを表す項である．また，因子 A による変動 S_A は因子 A の水準間の平均のばらつきを表しており，**級間変動**とも呼ばれる．誤差変動 S_E は各水準内での偶然誤差によるばらつきを表しており，**級内変動**とも呼ばれる．また，S, S_A, S_E をその形から**平方和**と呼ぶこともある．式 (7.7), (7.8) の T^2/N は**修正項**と呼ばれ，CF と表す．図 **7.3** は水準 A_i での観測値 x_{ij} について，$\overline{x}_i, \overline{x}$ と S, S_A, S_E の関係をイメージしたものである．

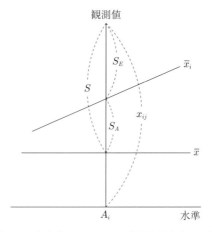

図 **7.3** 全変動，A による変動と誤差変動の関係

7.2.3 検 定 方 法

ここでは前項の年収の例を用いて，「因子 A の水準 $A_1, A_2, \cdots, A_k$ 間の主効果がない」という帰無仮説を有意水準 α で検定する方法を学ぶ．いま

帰無仮説　$H_0 : a_1 = a_2 = \cdots = a_k = 0$

対立仮説　$H_1 : a_1, a_2, \cdots, a_k$ のうち一つは 0 でない

7.2 1元配置法

とする。式 (7.3) より，帰無仮説は $\mu_1 = \cdots = \mu_k = \mu$ であり，「職種が年収に影響しない」ことを意味する。帰無仮説 H_0 のもとで，x_{ij} は正規分布 $N(\mu, \sigma^2)$ に従うので，式 (4.14) より

$$\frac{S}{\sigma^2} = \frac{\sum_{i=1}^{k}\sum_{j=1}^{n_i}(x_{ij} - \overline{x})^2}{\sigma^2} \tag{7.11}$$

は自由度 $f = N - 1$ の χ^2 分布に従う。また，式 (4.14) より

$$\frac{\sum_{j=1}^{n_i}(x_{ij} - \overline{x}_i)^2}{\sigma^2} \tag{7.12}$$

は自由度 $n_i - 1$ の χ^2 分布に従い，χ^2 分布の性質から

$$\frac{S_E}{\sigma^2} = \frac{\sum_{i=1}^{k}\sum_{j=1}^{n_i}(x_{ij} - \overline{x}_i)^2}{\sigma^2} \tag{7.13}$$

は自由度 $f_e = \sum_{i=1}^{k}(n_i - 1) = N - k$ の χ^2 分布に従うことが知られている。さらに

$$S = S_A + S_E \tag{7.14}$$

において S_A と S_E は独立であり，χ^2 分布の性質から，S_A/σ^2 は自由度 $f_a = f - f_e = (N-1) - (N-k) = k - 1$ の χ^2 分布に従うことが知られている。よって，式 (4.20) より，帰無仮説 H_0 のもとで

$$F = \frac{\dfrac{S_A}{f_a}}{\dfrac{S_E}{f_e}} \tag{7.15}$$

は自由度 (f_a, f_e) の F 分布に従うことがわかる。また $V_A = S_A/f_a$，$V_E = S_E/f_e$ とおくと，式 (7.15) は $F = V_A/V_E$ と表すことができる。この，V_A，V_E

を平均平方といい，F を分散比という。
V_A は，仮説で配置された母平均の周り
でのばらつきの大きさを表すので，H_0
のもとでの V_A の値は，H_1 のもとでの
V_A の値より小さくなる。いま，有意水
準 α に対して，自由度 (f_a, f_e) の F 分
布の上側 $100\alpha\%$ 点を

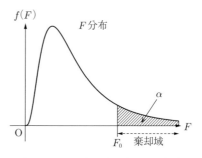

図 **7.4**　F 分布の右側検定の棄却域

$$F_0 = F_\alpha(f_a, f_e) \qquad (7.16)$$

としたとき，H_0 のもとで，α に対する棄却域は $R = [F_0, \infty)$ となる（図 **7.4**）。
ここで，**表 7.4** のような 1 元配置法の分散分析表をつくる。

表 **7.4**　1 元配置法の分散分析表

変動要因	平方和	自由度	平均平方	分散比
A による変動	S_A	f_a	$V_A = S_A/f_a$	
誤差変動	S_E	f_e	$V_E = S_E/f_e$	$F = V_A/V_E$
全変動	S	f		

　もし F の実現値が棄却域に入れば，有意水準 α で帰無仮説 H_0 は棄却される。このとき，「有意水準 α で年収に関し，職種は有意である」という。これは，k 種類の職業の年収 μ_i $(i = 1, \cdots, k)$ に差があり，「職種が年収に影響する」ことを意味する。

　一方，もし F の実現値が棄却域に入らなければ，有意水準 α で帰無仮説 H_0 は棄却されない。このとき，「有意水準 α で年収に関し，職種は有意でない」という。これは「職種が年収に影響しないことを否定できない」ことを意味する。

例題 7.1　ある会社は三つの異なる生産方式で同種類の製品を生産している。そこで生産方式を因子 (A) とし，生産方式の水準を A_1, A_2, A_3 としたとき，各水準で生産された製品から，無作為に $n_1 = 6, n_2 = 4, n_3 = 5$ 個を抽出し，強度試験を行った結果を**表 7.5** に示す。この結果から，生産方式が強度に影響するか有意水準 5% で検定せよ。

7.2 1元配置法

表 7.5 製品の強度

生産方式の水準	強度（繰り返し観測値）x_{ij}					
A_1	3.0	2.6	2.8	3.0	2.8	2.9
A_2	2.9	3.2	3.1	3.0	-	-
A_3	3.3	3.1	3.3	3.4	3.0	-

【解答】 手順 1. 帰無仮説 $H_0 : a_1 = a_2 = a_3 = 0$
対立仮説 $H_1 : a_1, a_2, a_3$ のうち一つは 0 でない

手順 2. 観測値の総和と全平均を求める。

$$k = 3, \ N = n_1 + n_2 + n_3 = 6 + 4 + 5 = 15,$$

$$T = T_1 + T_2 + T_3 = 3.0 + 2.6 + 2.8 + \cdots + 3.0 = 45.4,$$

$$\bar{x} = \frac{T}{N} = \frac{45.4}{15} = 3.0267$$

手順 3. 観測値に関する表を作成する。

ここで，計算を簡単にするため，観測値を $u_{ij} = (x_{ij} - x_0) \times h$ と変換する。x_0, h の値は任意に選んでよいが，$\bar{x} = 3.0267$ を参考にして $x_0 = 3.0, h = 10$ とし，u_{ij} について，表 7.6 のような補助表 (1) をつくる。

表 7.6 補助表 (1)

	$u_{ij} = (x_{ij} - 3.0) \times 10$						水準の u_{ij} の和 (U_i)	U_i^2	U_i^2/n_i
A_1	0	-4	-2	0	-2	-1	-9	81	13.5
A_2	-1	2	1	0	-	-	2	4	1.0
A_3	3	1	3	4	0	-	11	121	24.2
計							$U = 4$	206	38.7

また，修正項は $(CF)' = \dfrac{U^2}{N} = \dfrac{4^2}{15} = 1.0667$ となる（変換した値には $'$ をつけることにする）。

手順 4. 補助表 (1) での u_{ij} を 2 乗した表 7.7 のような 2 乗表を作る。

表 7.7 補助表 (2) [2 乗表]

生産方式の水準	u_{ij}^2						計
A_1	0	16	4	0	4	1	25
A_2	1	4	1	0	-	-	6
A_3	9	1	9	16	0	-	35
計							66

手順 5. 平方和を求める。

$$S' = \sum_{i=1}^{3}\sum_{j=1}^{n_i} u_{ij}^2 - (CF)' = 66 - 1.0667 = 64.9333 \text{ より}, S = S'/h^2 = 0.6493,$$

$$S'_A = \sum_{i=1}^{3} \frac{U_i^2}{n_i} - (CF)' = 38.7 - 1.0667 = 37.6333 \text{ より}, S_A = S'_A/h^2 = 0.3763,$$

$$S_E = S - S_A = 0.6493 - 0.3763 = 0.2730$$

を得る。これより，表 7.8 のような分散分析表をつくる。

表 7.8　分散分析表

変動要因	平方和	自由度	平均平方	分散比
A による変動	$S_A = 0.3763$	$f_a = 2$	$V_A = S_A/f_a$ $= 0.1882$	$F = \dfrac{V_A}{V_E}$ $= 8.254$
誤差変動	$S_E = 0.2730$	$f_e = 12$	$V_E = S_E/f_e$ $= 0.0228$	
全変動	$S = 0.6493$	$f = 14$		

手順 6. $F = 8.254$ であり，F 分布表より，$F_0 = F_{0.05}(2,12) = 3.885$ であるから，$F > F_0$ となり，有意水準 5%で帰無仮説 H_0 は棄却される。したがって，有意水準 5%で強度に関して生産方式は有意である。すなわち，生産方式が強度に影響する。　　　　　　　　　　　　　　　　　　　　　　　　◇

演習問題 7.1

【1】　ある県では 3 種類のリンゴを生産している。リンゴの種類を因子 (A) とし，リンゴの種類の水準を A_1, A_2, A_3 としたとき，各水準から無作為に $n_1 = 3, n_2 = 4, n_3 = 4$ 個を抽出し，その重量を調べたものを表 7.9 に示す。リンゴの種類が重量に影響するか，有意水準 5%で検定せよ。

表 7.9

リンゴの種類の水準	繰り返し観測値			
A_1	310	300	310	-
A_2	320	310	310	310
A_3	290	300	290	310

7.3 2 元 配 置 法

繰り返しがある 2 元配置法は，二つの因子を同時に扱い，それぞれの因子についていくつかの水準を設定し，すべての水準の組合せ（セル）について複数回実験を行ったときの繰り返し観測値をもとに，各因子の効果（主効果）と水準間の組合せによって現れる特別な効果である交互作用について検定する。この主効果および交互作用を要因効果と呼ぶ。

7.3.1 交互作用とは

各因子の効果（主効果）と水準間の組合せによって現れる特別な効果を**交互作用**という。ここでは，交互作用の検定について説明する。いま因子 A の水準を A_1, A_2, A_3，因子 B の水準を B_1, B_2, B_3 とし，各セル

(A_1, B_1), (A_1, B_2), (A_1, B_3), (A_2, B_1), (A_2, B_2),

(A_2, B_3), (A_3, B_1), (A_3, B_2), (A_3, B_3)

について 1 回だけ実験を行う繰り返しがない 2 元配置法を考える。この実験結果を**表 7.10**（実験 1）に示す。さらに，同様な実験を行った結果を**表 7.11**（実験 2）に示す。**図 7.5** は，表 7.10 をもとに，水準 B_1, B_2, B_3 の各々について水準 A_1, A_2, A_3 の順に観測値を変化させたときのグラフである。ここで，3 本のグラフが平行であるため，交互作用が存在していない。一方，**図 7.6** は，表 7.11 をもとにした同様なグラフである。ここで，3 本のグラフは平行でないが，その原因として，(A_3, B_3) で交互作用が発生したか，偶然誤差によるものか，判定はできない。繰り返しがない 2 元配置法での観測値のモデルでは，交

表 7.10 実験 1

因子 A	因子 B の水準		
の水準	B_1	B_2	B_3
A_1	1.0	2.0	3.0
A_2	2.0	3.0	4.0
A_3	3.0	4.0	5.0

表 7.11 実験 2

因子 A	因子 B の水準		
の水準	B_1	B_2	B_3
A_1	1.0	2.0	3.0
A_2	2.0	3.0	4.0
A_3	3.0	4.0	4.0

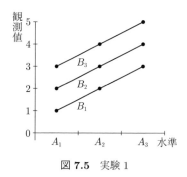

図 7.5 実験 1

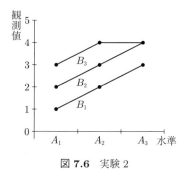

図 7.6 実験 2

互作用と誤差を分解できない（交互作用と誤差とが交絡する）ため，交互作用が存在したとしても交互作用を検出できない．これに対し，各セルで複数回実験を行う繰り返しがある 2 元配置法での観測値のモデルでは，交互作用と誤差の各項を独立に取り入れているため，交互作用を検定できる．

7.3.2 実験順序の無作為化

繰り返しがある 2 元配置法でも，系統誤差を避けるため実験順序の無作為化を行う．いま因子 A の水準を A_1, A_2，因子 B の水準を B_1, B_2 とし，繰り返し回数 2 の繰り返しがある 2 元配置法での実験順序を考える．表 7.12 は無作為化されない実験順序である．無作為化された実験順序を決めるため

$$(A_1, B_1), (A_1, B_2), (A_2, B_1), (A_2, B_2)$$

と書かれたカードを 2 組用意する．この 8 枚のカードをよく混ぜてから，1 枚ずつカードを抜き，順番に記録する．もし

$$(A_2, B_1), (A_1, B_2), (A_1, B_1), (A_1, B_1),$$
$$(A_2, B_1), (A_2, B_2), (A_1, B_2), (A_2, B_2)$$

表 7.12 無作為化されない実験順序

因子 A の水準	因子 B の水準	
	B_1	B_2
A_1	1	3
	2	4
A_2	5	7
	6	8

表 7.13 無作為化された実験順序

因子 A の水準	因子 B の水準	
	B_1	B_2
A_1	3	2
	4	7
A_2	1	6
	5	8

のようになったら,この順序に従って実験を行う.この無作為化された実験順序を表**7.13** に示す.

7.3.3 平方和の分解

ある材料の強度に関し,添加物の量(因子 A),温度(因子 B)が影響するかを調べたい.そこで,添加物の量の水準を $A_1, A_2, \cdots, A_a$ とし,温度の水準を $B_1, B_2, \cdots, B_b$ としたとき,各セルについて実験を r 回行い,その結果を表**7.14** に示す.ここで x_{ijk} は,セル (A_i, B_j) $(i = 1, \cdots, a\,;\, j = 1, \cdots, b)$ での第 k $(k = 1, \cdots, r)$ 番目の観測値である.

表 **7.14** 繰り返しがある 2 元配置法の観測値

因子 A の水準	因子 B の水準			
	B_1	B_2	$\cdots$	B_b
A_1	x_{111} x_{112} $\vdots$ x_{11r}	x_{121} x_{122} $\vdots$ x_{12r}	$\cdots$ $\cdots$ $\cdots$ $\cdots$	x_{1b1} x_{1b2} $\vdots$ x_{1br}
A_2	x_{211} x_{212} $\vdots$ x_{21r}	x_{221} x_{222} $\vdots$ x_{22r}	$\cdots$ $\cdots$ $\cdots$ $\cdots$	x_{2b1} x_{2b2} $\vdots$ x_{2br}
$\vdots$	$\vdots$	$\vdots$	$\cdots$	$\vdots$
A_a	x_{a11} x_{a12} $\vdots$ x_{a1r}	x_{a21} x_{a22} $\vdots$ x_{a2r}	$\cdots$ $\cdots$ $\cdots$ $\cdots$	x_{ab1} x_{ab2} $\vdots$ x_{abr}

表 7.14 をもとに表**7.15** のような AB 2 元表をつくる.

ここで,セル (A_i, B_j) $(i = 1, \cdots, a\,;\, j = 1, \cdots, b)$ での観測値の和,セルの平均はそれぞれ

$$T_{ij} = \sum_{k=1}^{r} x_{ijk}, \quad \overline{x}_{ij} = \frac{T_{ij}}{r} \quad (i = 1, \cdots, a\,;\, j = 1, \cdots, b) \quad (7.17)$$

表 7.15 AB 2 元表

因子 A の水準	因子 B の水準				A_i 水準の観測値の和 A_i 水準の平均
	B_1	B_2	$\cdots$	B_b	
A_1	T_{11}	T_{12}	$\cdots$	T_{1b}	$T_1.$
	$\overline{x}_{11}$	$\overline{x}_{12}$	$\cdots$	$\overline{x}_{1b}$	$\overline{x}_1.$
A_2	T_{21}	T_{22}	$\cdots$	T_{2b}	$T_2.$
	$\overline{x}_{21}$	$\overline{x}_{22}$	$\cdots$	$\overline{x}_{2b}$	$\overline{x}_2.$
$\vdots$	$\vdots$	$\vdots$	$\cdots$	$\vdots$	$\vdots$
A_a	T_{a1}	T_{a2}	$\cdots$	T_{ab}	$T_a.$
	$\overline{x}_{a1}$	$\overline{x}_{a2}$	$\cdots$	$\overline{x}_{ab}$	$\overline{x}_a.$
B_j 水準の観測値の和	$T._1$	$T._2$	$\cdots$	$T._b$	総計 T
B_j 水準の平均	$\overline{x}._1$	$\overline{x}._2$	$\cdots$	$\overline{x}._b$	全平均 $\overline{x}$

である.また,A_i 水準の観測値の和,A_i 水準の平均はそれぞれ

$$T_{i.} = \sum_{j=1}^{b} T_{ij}, \quad \overline{x}_{i.} = \frac{T_{i.}}{br} \quad (i = 1, \cdots, a) \tag{7.18}$$

であり,B_j 水準の観測値の和,B_j 水準の平均はそれぞれ

$$T_{.j} = \sum_{i=1}^{a} T_{ij}, \quad \overline{x}_{.j} = \frac{T_{.j}}{ar} \quad (j = 1, \cdots, b) \tag{7.19}$$

である.さらに,総計と全平均は

$$T = \sum_{i=1}^{a} T_{i.} = \sum_{j=1}^{b} T_{.j}, \quad \overline{x} = \frac{T}{N} \quad (N = a \times b \times r) \tag{7.20}$$

である.ここで,セル (A_i, B_j) $(i = 1, \cdots, a;\ j = 1, \cdots, b)$ における第 k 番目の観測値のモデルをつぎのように仮定する.

$$x_{ijk} = \mu + a_i + b_j + (ab)_{ij} + e_{ijk}, \tag{7.21}$$
$$(i = 1, \cdots, a;\ j = 1, \cdots, b;\ k = 1, \cdots, r)$$

ここで

$$\sum_{i=1}^{a} a_i = \sum_{j=1}^{b} b_j = \sum_{i=1}^{a} (ab)_{ij} = \sum_{j=1}^{b} (ab)_{ij} = 0 \tag{7.22}$$

として,μ は一般平均,a_i は因子 $\boldsymbol{A}$ の主効果,b_j は因子 $\boldsymbol{B}$ の主効果という.

また，$(ab)_{ij}$ は A と B の交互作用と呼び，$A \times B$ で表す．e_{ijk} は偶然誤差を表しており，互いに独立で正規分布 $N(0, \sigma^2)$ に従うと仮定する．ここで分散 σ^2 は未知で，すべての水準を通して共通とする．これより，観測値 x_{ijk} は正規分布 $N(\mu + a_i + b_j + (ab)_{ij}, \sigma^2)$ に従う．いま

$$x_{ijk} - \overline{x} = (\overline{x}_{i.} - \overline{x}) + (\overline{x}_{.j} - \overline{x}) + (\overline{x}_{ij} - \overline{x}_{i.} - \overline{x}_{.j} + \overline{x}) + (x_{ijk} - \overline{x}_{ij}) \tag{7.23}$$

と表し，この両辺を 2 乗してから i, j, k について和をとると

$$\begin{aligned}
\sum_{i=1}^{a}\sum_{j=1}^{b}\sum_{k=1}^{r}(x_{ijk} - \overline{x})^2 &= \sum_{i=1}^{a}\sum_{j=1}^{b}\sum_{k=1}^{r}(\overline{x}_{i.} - \overline{x})^2 \\
&+ \sum_{i=1}^{a}\sum_{j=1}^{b}\sum_{k=1}^{r}(\overline{x}_{.j} - \overline{x})^2 \\
&+ \sum_{i=1}^{a}\sum_{j=1}^{b}\sum_{k=1}^{r}(\overline{x}_{ij} - \overline{x}_{i.} - \overline{x}_{.j} + \overline{x})^2 \\
&+ \sum_{i=1}^{a}\sum_{j=1}^{b}\sum_{k=1}^{r}(x_{ijk} - \overline{x}_{ij})^2
\end{aligned} \tag{7.24}$$

が得られる．この左辺を全変動といい S で表す．また，右辺第 1 項を因子 A による変動といい S_A で表し，右辺第 2 項を因子 B による変動といい S_B で表す．さらに，右辺第 3 項を交互作用による変動といい $S_{A \times B}$ で表し，右辺第 4 項を誤差変動といい S_E で表す．$S_{A \times B}$ は各セル間の交互作用によるばらつきを表している．式 (7.24) を変動要因への分解という．ここで，式 (7.17)〜(7.20) を用いると，$S, S_A, S_B, S_{A \times B}, S_E$ はそれぞれ

$$S = \sum_{i=1}^{a}\sum_{j=1}^{b}\sum_{k=1}^{r}(x_{ijk} - \overline{x})^2 = \sum_{i=1}^{a}\sum_{j=1}^{b}\sum_{k=1}^{r}x_{ijk}^2 - \frac{T^2}{N} \tag{7.25}$$

$$S_A = \sum_{i=1}^{a}\sum_{j=1}^{b}\sum_{k=1}^{r}(\overline{x}_{i.} - \overline{x})^2 = \frac{1}{br}\sum_{i=1}^{a}T_{i.}^2 - \frac{T^2}{N} \tag{7.26}$$

$$S_B = \sum_{i=1}^{a}\sum_{j=1}^{b}\sum_{k=1}^{r}(\overline{x}_{.j} - \overline{x})^2 = \frac{1}{ar}\sum_{j=1}^{b}T_{.j}^2 - \frac{T^2}{N} \tag{7.27}$$

$$S_{A\times B} = \sum_{i=1}^{a}\sum_{j=1}^{b}\sum_{k=1}^{r}(\overline{x}_{ij} - \overline{x}_{i\cdot} - \overline{x}_{\cdot j} + \overline{x})^2$$

$$= r\sum_{i=1}^{a}\sum_{j=1}^{b}(\overline{x}_{ij} - \overline{x}_{i\cdot} - \overline{x}_{\cdot j} + \overline{x})^2 \tag{7.28}$$

$$S_E = \sum_{i=1}^{a}\sum_{j=1}^{b}\sum_{k=1}^{r}(x_{ijk} - \overline{x}_{ij})^2 \tag{7.29}$$

と表される。式 (7.25)～(7.27) の $\dfrac{T^2}{N}$ は**修正項**と呼ばれ，CF で表す。また

$$S_{AB} = r\sum_{i=1}^{a}\sum_{j=1}^{b}(\overline{x}_{ij} - \overline{x})^2 = \frac{1}{r}\sum_{i=1}^{a}\sum_{j=1}^{b}T_{ij}^2 - \frac{T^2}{N} \tag{7.30}$$

で定まる S_{AB} を**セル間変動**といい，これを用いると

$$S_{AB} = S_A + S_B + S_{A\times B} \tag{7.31}$$

が成り立つことが知られている。これより，式 (7.24) は

$$S = S_A + S_B + S_{A\times B} + S_E = S_{AB} + S_E \tag{7.32}$$

と表せる。また，S, S_A, S_B, $S_{A\times B}$, S_E をその形から平方和と呼ぶこともある。

7.3.4 検定方法

ある材料の強度に関し，添加物の量（因子 A）と温度（因子 B）の主効果，A と B の交互作用 $A\times B$ のおのおのを有意水準 α で検定する。初めにつぎの3組の帰無仮説と対立仮説を与える。

帰無仮説　$H_0 : a_1 = a_2 = \cdots = a_a = 0$（因子 A の主効果はない）

対立仮説　$H_1 : a_1, a_2, \cdots, a_a$ のうち一つは 0 でない

および

帰無仮説　$H_0' : b_1 = b_2 = \cdots = b_b = 0$（因子 B の主効果はない）

対立仮説　$H_1' : b_1, b_2, \cdots, b_b$ のうち一つは 0 でない

および

帰無仮説 $H_0'' : (ab)_{11} = (ab)_{12} = \cdots = (ab)_{1b} = (ab)_{21} = \cdots = (ab)_{ab} = 0$

(交互作用 $A \times B$ はない)

対立仮説 $H_1'' : (ab)_{ij}\ (i = 1, \cdots, a,\ j = 1, \cdots, b)$ のうち一つは 0 でない

ここで,帰無仮説 H_0 のもとでは

$$F_A = \frac{S_A/(a-1)}{S_E/ab(r-1)} \tag{7.33}$$

は自由度 $(f_a, f_e) = (a-1, ab(r-1))$ の F 分布に従う。いま,有意水準 α に対して,自由度 (f_a, f_e) の F 分布の上側 100α% 点を

$$F_0 = F_\alpha(f_a, f_e) \tag{7.34}$$

としたとき,H_0 のもとで,棄却域は $R = [F_0, \infty)$ となる。また,帰無仮説 H_0' のもとでは

$$F_B = \frac{S_B/(b-1)}{S_E/ab(r-1)} \tag{7.35}$$

は自由度 $(f_b, f_e) = (b-1, ab(r-1))$ の F 分布に従う。いま,有意水準 α に対して,自由度 (f_b, f_e) の F 分布の上側 100α% 点を

$$F_0' = F_\alpha(f_b, f_e) \tag{7.36}$$

としたとき,H_0' のもとで,棄却域は $R' = [F_0', \infty)$ となる。さらに,帰無仮説 H_0'' のもとでは

$$F_{A \times B} = \frac{S_{A \times B}/(a-1)(b-1)}{S_E/ab(r-1)} \tag{7.37}$$

は自由度 $(f_{a \times b}, f_e) = ((a-1)(b-1), ab(r-1))$ の F 分布に従う。いま,有意水準 α に対して,自由度 $(f_{a \times b}, f_e)$ の F 分布の上側 100α% 点

$$F_0'' = F_\alpha(f_{a \times b}, f_e) \tag{7.38}$$

としたとき,H_0'' のもとで,棄却域は $R'' = [F_0'', \infty)$ となる。

ここで，$V_A = S_A/f_a$, $V_B = S_B/f_b$, $V_{A \times B} = S_{A \times B}/f_{a \times b}$, $V_E = S_E/f_e$ とおき，これらを**平均平方**と呼ぶ．このとき，式 (7.33) は $F_A = V_A/V_E$, 式 (7.35) は $F_B = V_B/V_E$, 式 (7.37) は $F_{A \times B} = V_{A \times B}/V_E$ と表すことができ，これらを**分散比**と呼ぶ．ここで，表 7.16 のような2元配置法の分散分析表をつくる．

表 7.16　2元配置法の分散分析表

変動要因	平方和	自由度	平均平方	分散比
A による変動	S_A	f_a	$V_A = \frac{S_A}{f_a}$	$F_A = \frac{V_A}{V_E}$
B による変動	S_B	f_b	$V_B = \frac{S_B}{f_b}$	$F_B = \frac{V_B}{V_E}$
交互作用による変動	$S_{A \times B}$	$f_{a \times b}$	$V_{A \times B} = \frac{S_{A \times B}}{f_{a \times b}}$	$F_{A \times B} = \frac{V_{A \times B}}{V_E}$
誤差変動	S_E	f_e	$V_E = \frac{S_E}{f_e}$	
全変動	S	f		

(ⅰ) もし，F_A の実現値が棄却域 R に入れば，有意水準 α で材料の強度に関し，添加物の量は有意である．もし，F_A の実現値が棄却域 R に入らなければ，有意水準 α で材料の強度に関し，添加物の量は有意でない．

(ⅱ) もし，F_B の実現値が棄却域 R' に入れば，有意水準 α で材料の強度に関し，温度は有意である．もし，F_B の実現値が棄却域 R' に入らなければ，有意水準 α で材料の強度に関し，温度は有意でない．

(ⅲ) もし，$F_{A \times B}$ の実現値が棄却域 R'' に入れば，有意水準 α で材料の強度に関し，添加物の量と温度の交互作用は有意である（一つのセルあるいは複数のセルに交互作用が存在する）．もし，$F_{A \times B}$ の実現値が棄却域 R'' に入らなければ，有意水準 α で材料の強度に関し，添加物の量と温度の交互作用は有意でない．これより「材料の強度に関し，添加物の量と温度の交互作用がないことを否定できない」ことを意味する．

例題 7.2　電池の寿命が，加工時の温度（因子 A）と板の原料のタイプ（因子 B）に影響するかを調べたい．加工時の温度の水準を A_1, A_2, A_3, A_4 とし，原料のタイプの水準を B_1, B_2, B_3 とする．各セルについて2回ずつ実験を行った結果を表 7.17 に示す．これより，温度と原料のタイプに

7.3 2元配置法   173

表 **7.17** 電池の寿命

因子 A の水準	因子 B の水準		
	B_1	B_2	B_3
A_1	14.0	13.0	13.5
	13.5	13.0	13.0
A_2	13.5	12.0	13.0
	13.5	13.0	13.5
A_3	13.5	11.0	12.5
	13.5	12.0	13.0
A_4	11.5	11.0	13.0
	12.5	12.0	13.0

についての主効果があるか，また温度と原料のタイプについての交互作用があるかを有意水準5%で検定せよ．

【解答】 手順1. 帰無仮説 $H_0 : a_1 = a_2 = a_3 = a_4 = 0$
　　　　　　　対立仮説 $H_1 : a_1, a_2, a_3, a_4$ のうち一つは0でない
および
　帰無仮説 $H_0' : b_1 = b_2 = b_3 = 0$
　対立仮説 $H_1' : b_1, b_2, b_3$ のうち一つは0でない
および
　帰無仮説 $H_0'' : (ab)_{11} = (ab)_{12} = (ab)_{13} = (ab)_{21} = \cdots = (ab)_{43} = 0$
　対立仮説 $H_1'' : (ab)_{ij}$ ($i = 1, 2, 3, 4$; $j = 1, 2, 3$) のうち一つは0でない
とする．

手順2. 観測値の総和と全平均を求める．

　　　$a = 4$, $b = 3$, $r = 2$, $N = 4 \times 3 \times 2 = 24$

　　　$T = 14.0 + 13.5 + \cdots + 13.0 = 307.0$,

　　　$\overline{x} = \dfrac{T}{N} = \dfrac{307.0}{24} = 12.7917$

手順3. 観測値に関する表を作成する．

　計算を簡単にするため，$\overline{x} = 12.7917$ を参考に $x_0 = 13.0$, $h = 10$ とし，観測値 x_{ijk} を $u_{ijk} = (x_{ijk} - 13.0) \times 10$ と変換する．つぎに，**表 7.18** のような補助表 (1) をつくる．また，修正項は $(CF)' = \dfrac{U^2}{N} = \dfrac{(-50)^2}{24} = 104.1667$ となる．

手順4. 補助表 (1) での u_{ij} を2乗した**表 7.19** のような2乗表をつくる．

表 7.18 補助表 (1) $[u_{ijk} = (x_{ijk} - 13.0) \times 10]$

因子 A の水準	因子 B の水準			計
	B_1	B_2	B_3	
A_1	10	0	5	
	5	0	0	$U_1. = 20$
A_2	5	-10	0	
	5	0	5	$U_2. = 5$
A_3	5	-20	-5	
	5	-10	0	$U_3. = -25$
A_4	-15	-20	0	
	-5	-10	0	$U_4. = -50$
計	$U._1 = 15$	$U._2 = -70$	$U._3 = 5$	$U = -50$

表 7.19 補助表 (2) $[u_{ijk}^2]$

因子 A の水準	因子 B の水準			計
	B_1	B_2	B_3	
A_1	100	0	25	
	25	0	0	150
A_2	25	100	0	
	25	0	25	175
A_3	25	400	25	
	25	100	0	575
A_4	225	400	0	
	25	100	0	750
計	475	1 100	75	1 650

ここで $\sum_{i=1}^{4}\sum_{j=1}^{3}\sum_{k=1}^{2} u_{ijk}^2 = 150 + 175 + 575 + 750 = 1650$ を得る.

手順 5. 補助表 (1) での各セル内で u_{ijk} を合計した値 $U_{ij}\left(= \sum_{k=1}^{2} u_{ijk}\right)$ の AB 2元表をつくり, **表 7.20** のような補助表 (3) に示す. さらに, 補助表 (3) で各セルの値を2乗した AB 2乗表を**表 7.21** のような補助表 (4) に示す.

ここで $\sum_{i=1}^{4}\sum_{j=1}^{3} U_{ij}^2 = 250 + 225 + 1025 + 1300 = 2800$ を得る.

手順 6. 平方和を求める.

$$S' = \sum_{i=1}^{4}\sum_{j=1}^{3}\sum_{k=1}^{2} u_{ijk}^2 - (CF)' = 1545.8333 \text{ より}, \ S = S'/h^2 = 15.4583,$$

$$S'_{AB} = \frac{1}{2}\sum_{j=1}^{3} U_{ij}^2 - (CF)' = 1295.8333 \text{ より}, \ S_{AB} = S'_{AB}/h^2 = 12.9583 \text{を得る}.$$

表 7.20 補助表 (3) [AB 2 元表 (U_{ij})]

因子 A の水準	因子 B の水準			計
	B_1	B_2	B_3	
A_1	15	0	5	$U_{1\cdot} = 20$
A_2	10	-10	5	$U_{2\cdot} = 5$
A_3	10	-30	-5	$U_{3\cdot} = -25$
A_4	-20	-30	0	$U_{4\cdot} = -50$
計	$U_{\cdot 1} = 15$	$U_{\cdot 2} = -70$	$U_{\cdot 3} = 5$	

表 7.21 補助表 (4) [AB 2 乗表 (U_{ij}^2)]

因子 A の水準	因子 B の水準			計
	B_1	B_2	B_3	
A_1	225	0	25	250
A_2	100	100	25	225
A_3	100	900	25	1025
A_4	400	900	0	1300
計	825	1900	75	2800

また，補助表 (3) より

$$S'_A = \frac{1}{3 \times 2} \sum_{i=1}^{4} U_{i\cdot}^2 - (CF)'$$

$$= \frac{1}{3 \times 2}\{20^2 + 5^2 + (-25)^2 + (-50)^2\} - 104.1667 = 487.5000$$

なので，$S_A = S'_A/h^2 = 4.8750$,

$$S'_B = \frac{1}{4 \times 2} \sum_{j=1}^{3} U_{\cdot j}^2 - (CF)'$$

$$= \frac{1}{4 \times 2}\{15^2 + (-70)^2 + 5^2\} - 104.1667 = 539.5833$$

なので，$S_B = S'_B/h^2 = 5.3958$ を得る．また

$$S_{A \times B} = S_{AB} - S_A - S_B = 12.9583 - 4.8750 - 5.3958 = 2.6875,$$
$$S_E = S - S_{AB} = 15.4583 - 12.9583 = 2.5000$$

である．ここで，**表 7.22** のような 2 元配置法の分散分析表をつくる．

手順 7. ● $F_A = 7.801$ であり，F 分布表より，$F_0 = F_{0.05}(3, 12) = 3.490$ であるから，$F_A > F_0$ となる．したがって，有意水準 5% で電池の寿命に関して，加工時の温度は有意である．すなわち，加工時の温度が電池の寿命に影響する．

表 7.22 2元配置法の分散分析表

変動要因	平方和	自由度	平均平方	分散比
A による変動	$S_A = 4.8750$	$f_a = 3$	$V_A = 1.6250$	$F_A = \frac{V_A}{V_E}$ $= 7.801$
B による変動	$S_B = 5.3958$	$f_b = 2$	$V_B = 2.6979$	$F_B = \frac{V_B}{V_E}$ $= 12.952$
交互作用による変動	$S_{A \times B} = 2.6875$	$f_{a \times b} = 6$	$V_{A \times B} = 0.4479$	$F_{A \times B} = \frac{V_{A \times B}}{V_E}$ $= 2.150$
誤差変動	$S_E = 2.5000$	$f_e = 12$	$V_E = 0.2083$	
全変動	$S = 15.4583$	$f = 23$		

- $F_B = 12.952$ であり，F 分布表より，$F_0' = F_{0.05}(2, 12) = 3.885$ であるから，$F_B > F_0'$ となる．したがって，有意水準 5% で電池の寿命に関して，原料のタイプは有意である．すなわち，原料のタイプが電池の寿命に影響する．
- $F_{A \times B} = 2.150$ であり，F 分布表より，$F_0'' = F_{0.05}(6, 12) = 2.996$ であるから，$F_{A \times B} < F_0''$ となる．したがって，有意水準 5% で電池の寿命に関して，交互作用は有意でない． ◇

演習問題 7.2

【1】 ある殺虫剤の効果が，成分 A の含有量 (因子 A) と成分 B の含有量 (因子 B) に影響されるかを調べる．A の含有量の水準を A_1 (0.5%)，A_2 (0.6%)，A_3 (0.7%) とし，B の含有量の水準を B_1 (0.2%)，B_2 (0.3%) とする．各セルについて 2 回ずつ実験を繰り返した結果を**表 7.23** に示す．これより，成分 A の含有量と成分 B の含有量の主効果があるか，また交互作用があるか，有意水準 5% で検定せよ．

表 7.23 殺虫剤の効果

成分 A の含有量の水準	成分 B の含有量の水準	
	B_1	B_2
A_1	15 16	21 18
A_2	18 23	18 22
A_3	22 21	23 24

付　　　　録

A.1　数　　　表

表 **A.1**　標準正規分布表 1（確率）

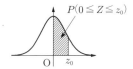

$z_0 \to P(0 \leq Z \leq z_0)$

z_0	0.00	0.01	0.02	0.03	0.04	0.05	0.06	0.07	0.08	0.09
0.0	0.0000	0.0040	0.0080	0.0120	0.0160	0.0199	0.0239	0.0279	0.0319	0.0359
0.1	0.0398	0.0438	0.0478	0.0517	0.0557	0.0596	0.0636	0.0675	0.0714	0.0753
0.2	0.0793	0.0832	0.0871	0.0910	0.0948	0.0987	0.1026	0.1064	0.1103	0.1141
0.3	0.1179	0.1217	0.1255	0.1293	0.1331	0.1368	0.1406	0.1443	0.1480	0.1517
0.4	0.1554	0.1591	0.1628	0.1664	0.1700	0.1736	0.1772	0.1808	0.1844	0.1879
0.5	0.1915	0.1950	0.1985	0.2019	0.2054	0.2088	0.2123	0.2157	0.2190	0.2224
0.6	0.2257	0.2291	0.2324	0.2357	0.2389	0.2422	0.2454	0.2486	0.2517	0.2549
0.7	0.2580	0.2611	0.2642	0.2673	0.2704	0.2734	0.2764	0.2794	0.2823	0.2852
0.8	0.2881	0.2910	0.2939	0.2967	0.2995	0.3023	0.3051	0.3078	0.3106	0.3133
0.9	0.3159	0.3186	0.3212	0.3238	0.3264	0.3289	0.3315	0.3340	0.3365	0.3389
1.0	0.3413	0.3438	0.3461	0.3485	0.3508	0.3531	0.3554	0.3577	0.3599	0.3621
1.1	0.3643	0.3665	0.3686	0.3708	0.3729	0.3749	0.3770	0.3790	0.3810	0.3830
1.2	0.3849	0.3869	0.3888	0.3907	0.3925	0.3944	0.3962	0.3980	0.3997	0.4015
1.3	0.4032	0.4049	0.4066	0.4082	0.4099	0.4115	0.4131	0.4147	0.4162	0.4177
1.4	0.4192	0.4207	0.4222	0.4236	0.4251	0.4265	0.4279	0.4292	0.4306	0.4319
1.5	0.4332	0.4345	0.4357	0.4370	0.4382	0.4394	0.4406	0.4418	0.4429	0.4441
1.6	0.4452	0.4463	0.4474	0.4484	0.4495	0.4505	0.4515	0.4525	0.4535	0.4545
1.7	0.4554	0.4564	0.4573	0.4582	0.4591	0.4599	0.4608	0.4616	0.4625	0.4633
1.8	0.4641	0.4649	0.4656	0.4664	0.4671	0.4678	0.4686	0.4693	0.4699	0.4706
1.9	0.4713	0.4719	0.4726	0.4732	0.4738	0.4744	0.4750	0.4756	0.4761	0.4767
2.0	0.4772	0.4778	0.4783	0.4788	0.4793	0.4798	0.4803	0.4808	0.4812	0.4817
2.1	0.4821	0.4826	0.4830	0.4834	0.4838	0.4842	0.4846	0.4850	0.4854	0.4857
2.2	0.4861	0.4864	0.4868	0.4871	0.4875	0.4878	0.4881	0.4884	0.4887	0.4890
2.3	0.4893	0.4896	0.4898	0.4901	0.4904	0.4906	0.4909	0.4911	0.4913	0.4916
2.4	0.4918	0.4920	0.4922	0.4925	0.4927	0.4929	0.4931	0.4932	0.4934	0.4936
2.5	0.4938	0.4940	0.4941	0.4943	0.4945	0.4946	0.4948	0.4949	0.4951	0.4952
2.6	0.4953	0.4955	0.4956	0.4957	0.4959	0.4960	0.4961	0.4962	0.4963	0.4964
2.7	0.4965	0.4966	0.4967	0.4968	0.4969	0.4970	0.4971	0.4972	0.4973	0.4974
2.8	0.4974	0.4975	0.4976	0.4977	0.4977	0.4978	0.4979	0.4979	0.4980	0.4981
2.9	0.4981	0.4982	0.4982	0.4983	0.4984	0.4984	0.4985	0.4985	0.4986	0.4986
3.0	0.4987	0.4987	0.4987	0.4988	0.4988	0.4989	0.4989	0.4989	0.4990	0.4990

表 A.2　標準正規分布表 2（上側 $100\alpha\%$ 点）

$\alpha = P(z_\alpha \leqq Z) \to z_\alpha$

α	0.000	0.002	0.004	0.006	0.008	α	0.000	0.002	0.004	0.006	0.008
0.00	∞	2.878	2.652	2.512	2.409	0.25	0.674	0.668	0.662	0.656	0.650
0.01	2.326	2.257	2.197	2.144	2.097	0.26	0.643	0.637	0.631	0.625	0.619
0.02	2.054	2.014	1.977	1.943	1.911	0.27	0.613	0.607	0.601	0.595	0.589
0.03	1.881	1.852	1.825	1.799	1.774	0.28	0.583	0.577	0.571	0.565	0.559
0.04	1.751	1.728	1.706	1.685	1.665	0.29	0.553	0.548	0.542	0.536	0.530
0.05	1.645	1.626	1.607	1.589	1.572	0.30	0.524	0.519	0.513	0.507	0.502
0.06	1.555	1.538	1.522	1.506	1.491	0.31	0.496	0.490	0.485	0.479	0.473
0.07	1.476	1.461	1.447	1.433	1.419	0.32	0.468	0.462	0.457	0.451	0.445
0.08	1.405	1.392	1.379	1.366	1.353	0.33	0.440	0.434	0.429	0.423	0.418
0.09	1.341	1.329	1.317	1.305	1.293	0.34	0.412	0.407	0.402	0.396	0.391
0.10	1.282	1.270	1.259	1.248	1.237	0.35	0.385	0.380	0.375	0.369	0.364
0.11	1.227	1.216	1.206	1.195	1.185	0.36	0.358	0.353	0.348	0.342	0.337
0.12	1.175	1.165	1.155	1.146	1.136	0.37	0.332	0.327	0.321	0.316	0.311
0.13	1.126	1.117	1.108	1.098	1.089	0.38	0.305	0.300	0.295	0.290	0.285
0.14	1.080	1.071	1.063	1.054	1.045	0.39	0.279	0.274	0.269	0.264	0.259
0.15	1.036	1.028	1.019	1.011	1.003	0.40	0.253	0.248	0.243	0.238	0.233
0.16	0.994	0.986	0.978	0.970	0.962	0.41	0.228	0.222	0.217	0.212	0.207
0.17	0.954	0.946	0.938	0.931	0.923	0.42	0.202	0.197	0.192	0.187	0.181
0.18	0.915	0.908	0.900	0.893	0.885	0.43	0.176	0.171	0.166	0.161	0.156
0.19	0.878	0.871	0.863	0.856	0.849	0.44	0.151	0.146	0.141	0.136	0.131
0.20	0.842	0.834	0.827	0.820	0.813	0.45	0.126	0.121	0.116	0.111	0.105
0.21	0.806	0.800	0.793	0.786	0.779	0.46	0.100	0.095	0.090	0.085	0.080
0.22	0.772	0.765	0.759	0.752	0.745	0.47	0.075	0.070	0.065	0.060	0.055
0.23	0.739	0.732	0.726	0.719	0.713	0.48	0.050	0.045	0.040	0.035	0.030
0.24	0.706	0.700	0.693	0.687	0.681	0.49	0.025	0.020	0.015	0.010	0.005

α	z_α
0.050	1.645
0.025	1.960
0.010	2.326
0.005	2.576

表 A.3 χ^2 分布表（上側 100α% 点）

自由度 n; $\alpha = P(\chi_\alpha^2(n) \leq \chi^2) \to \chi_\alpha^2(n)$

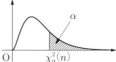

n \ α	0.995	0.990	0.975	0.950	0.900	0.100	0.050	0.025	0.010	0.005
1	$0.0^4 39\,27$	$0.0^3 15\,71$	$0.0^3 98\,21$	0.003 932	0.015 79	2.706	3.841	5.024	6.635	7.879
2	0.01003	0.02010	0.05064	0.1026	0.2107	4.605	5.991	7.378	9.210	10.60
3	0.07172	0.1148	0.2158	0.3518	0.5844	6.251	7.815	9.348	11.34	12.84
4	0.2070	0.2971	0.4844	0.7107	1.064	7.779	9.488	11.14	13.28	14.86
5	0.4117	0.5543	0.8312	1.145	1.610	9.236	11.07	12.83	15.09	16.75
6	0.6757	0.8721	1.237	1.635	2.204	10.64	12.59	14.45	16.81	18.55
7	0.9893	1.239	1.690	2.167	2.833	12.02	14.07	16.01	18.48	20.28
8	1.344	1.646	2.180	2.733	3.490	13.36	15.51	17.53	20.09	21.95
9	1.735	2.088	2.700	3.325	4.168	14.68	16.92	19.02	21.67	23.59
10	2.156	2.558	3.247	3.940	4.865	15.99	18.31	20.48	23.21	25.19
11	2.603	3.053	3.816	4.575	5.578	17.28	19.68	21.92	24.72	26.76
12	3.074	3.571	4.404	5.226	6.304	18.55	21.03	23.34	26.22	28.30
13	3.565	4.107	5.009	5.892	7.042	19.81	22.36	24.74	27.69	29.82
14	4.075	4.660	5.629	6.571	7.790	21.06	23.68	26.12	29.14	31.32
15	4.601	5.229	6.262	7.261	8.547	22.31	25.00	27.49	30.58	32.80
16	5.142	5.812	6.908	7.962	9.312	23.54	26.30	28.85	32.00	34.27
17	5.697	6.408	7.564	8.672	10.09	24.77	27.59	30.19	33.41	35.72
18	6.265	7.015	8.231	9.390	10.86	25.99	28.87	31.53	34.81	37.16
19	6.844	7.633	8.907	10.12	11.65	27.20	30.14	32.85	36.19	38.58
20	7.434	8.260	9.591	10.85	12.44	28.41	31.41	34.17	37.57	40.00
21	8.034	8.897	10.28	11.59	13.24	29.62	32.67	35.48	38.93	41.40
22	8.643	9.542	10.98	12.34	14.04	30.81	33.92	36.78	40.29	42.80
23	9.260	10.20	11.69	13.09	14.85	32.01	35.17	38.08	41.64	44.18
24	9.886	10.86	12.40	13.85	15.66	33.20	36.42	39.36	42.98	45.56
25	10.52	11.52	13.12	14.61	16.47	34.38	37.65	40.65	44.31	46.93
26	11.16	12.20	13.84	15.38	17.29	35.56	38.89	41.92	45.64	48.29
27	11.81	12.88	14.57	16.15	18.11	36.74	40.11	43.19	46.96	49.64
28	12.46	13.56	15.31	16.93	18.94	37.92	41.34	44.46	48.28	50.99
29	13.12	14.26	16.05	17.71	19.77	39.09	42.56	45.72	49.59	52.34
30	13.79	14.95	16.79	18.49	20.60	40.26	43.77	46.98	50.89	53.67
40	20.71	22.16	24.43	26.51	29.05	51.81	55.76	59.34	63.69	66.77
60	35.53	37.48	40.48	43.19	46.46	74.40	79.08	83.30	88.38	91.95
120	83.85	86.92	91.57	95.70	100.6	140.2	146.6	152.2	159.0	163.6

〔注〕1 0^n は 0 が n 個並ぶことを表す。例えば，$.0^4 39\,27$ は .00003927 である。

2 n が十分大きいときは $\sqrt{2\chi^2} - \sqrt{2n-1}$ の確率分布が標準正規分布 $N(0,1)$ で近似されるから，表 A.1 を用いて上側 100α% 点をとることができる。

表 A.4 t 分布表（上側 100α% 点）

自由度 n; $\alpha = P(t_\alpha(n) \leq T) \to t_\alpha(n)$

n \ α	0.350	0.300	0.250	0.200	0.150	0.100	0.050	0.025	0.010	0.005
1	0.5095	0.7265	1.000	1.376	1.963	3.078	6.314	12.71	31.82	63.66
2	0.4447	0.6172	0.8165	1.061	1.386	1.886	2.920	4.303	6.965	9.925
3	0.4242	0.5844	0.7649	0.9785	1.250	1.638	2.353	3.182	4.541	5.841
4	0.4142	0.5686	0.7407	0.9410	1.190	1.533	2.132	2.776	3.747	4.604
5	0.4082	0.5594	0.7267	0.9195	1.156	1.476	2.015	2.571	3.365	4.032
6	0.4043	0.5534	0.7176	0.9057	1.134	1.440	1.943	2.447	3.143	3.707
7	0.4015	0.5491	0.7111	0.8960	1.119	1.415	1.895	2.365	2.998	3.499
8	0.3995	0.5459	0.7064	0.8889	1.108	1.397	1.860	2.306	2.896	3.355
9	0.3979	0.5435	0.7027	0.8834	1.100	1.383	1.833	2.262	2.821	3.250
10	0.3966	0.5415	0.6998	0.8791	1.093	1.372	1.812	2.228	2.764	3.169
11	0.3956	0.5399	0.6974	0.8755	1.088	1.363	1.796	2.201	2.718	3.106
12	0.3947	0.5386	0.6955	0.8726	1.083	1.356	1.782	2.179	2.681	3.055
13	0.3940	0.5375	0.6938	0.8702	1.079	1.350	1.771	2.160	2.650	3.012
14	0.3933	0.5366	0.6924	0.8681	1.076	1.345	1.761	2.145	2.624	2.977
15	0.3928	0.5357	0.6912	0.8662	1.074	1.341	1.753	2.131	2.602	2.947
16	0.3923	0.5350	0.6901	0.8647	1.071	1.337	1.746	2.120	2.583	2.921
17	0.3919	0.5344	0.6892	0.8633	1.069	1.333	1.740	2.110	2.567	2.898
18	0.3915	0.5338	0.6884	0.8620	1.067	1.330	1.734	2.101	2.552	2.878
19	0.3912	0.5333	0.6876	0.8610	1.066	1.328	1.729	2.093	2.539	2.861
20	0.3909	0.5329	0.6870	0.8600	1.064	1.325	1.725	2.086	2.528	2.845
21	0.3906	0.5325	0.6864	0.8591	1.063	1.323	1.721	2.080	2.518	2.831
22	0.3904	0.5321	0.6858	0.8583	1.061	1.321	1.717	2.074	2.508	2.819
23	0.3902	0.5317	0.6853	0.8575	1.060	1.319	1.714	2.069	2.500	2.807
24	0.3900	0.5314	0.6848	0.8569	1.059	1.318	1.711	2.064	2.492	2.797
25	0.3898	0.5312	0.6844	0.8562	1.058	1.316	1.708	2.060	2.485	2.787
26	0.3896	0.5309	0.6840	0.8557	1.058	1.315	1.706	2.056	2.479	2.779
27	0.3894	0.5306	0.6837	0.8551	1.057	1.314	1.703	2.052	2.473	2.771
28	0.3893	0.5304	0.6834	0.8546	1.056	1.313	1.701	2.048	2.467	2.763
29	0.3892	0.5302	0.6830	0.8542	1.055	1.311	1.699	2.045	2.462	2.756
30	0.3890	0.5300	0.6828	0.8538	1.055	1.310	1.697	2.042	2.457	2.750
40	0.3881	0.5286	0.6807	0.8507	1.050	1.303	1.684	2.021	2.423	2.704
60	0.3872	0.5272	0.6786	0.8477	1.045	1.296	1.671	2.000	2.390	2.660
120	0.3862	0.5258	0.6765	0.8446	1.041	1.289	1.658	1.980	2.358	2.617
∞	0.3853	0.5244	0.6745	0.8416	1.036	1.282	1.645	1.960	2.326	2.576

表 **A.5** F 分布表 1 （上側 5% 点）

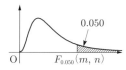

自由度 (m, n); $0.050 = P(F_{0.050}(m, n) \leq F) \to F_{0.050}(m, n)$

n \ m	1	2	3	4	5	6	7	8	9	10
1	161.4	199.5	215.7	224.6	230.2	234.0	236.8	238.9	240.5	241.9
2	18.51	19.00	19.16	19.25	19.30	19.33	19.35	19.37	19.38	19.40
3	10.13	9.552	9.277	9.117	9.013	8.941	8.887	8.845	8.812	8.786
4	7.709	6.944	6.591	6.388	6.256	6.163	6.094	6.041	5.999	5.964
5	6.608	5.786	5.409	5.192	5.050	4.950	4.876	4.818	4.772	4.735
6	5.987	5.143	4.757	4.534	4.387	4.284	4.207	4.147	4.099	4.060
7	5.591	4.737	4.347	4.120	3.972	3.866	3.787	3.726	3.677	3.637
8	5.318	4.459	4.066	3.838	3.687	3.581	3.500	3.438	3.388	3.347
9	5.117	4.256	3.863	3.633	3.482	3.374	3.293	3.230	3.179	3.137
10	4.965	4.103	3.708	3.478	3.326	3.217	3.135	3.072	3.020	2.978
11	4.844	3.982	3.587	3.357	3.204	3.095	3.012	2.948	2.896	2.854
12	4.747	3.885	3.490	3.259	3.106	2.996	2.913	2.849	2.796	2.753
13	4.667	3.806	3.411	3.179	3.025	2.915	2.832	2.767	2.714	2.671
14	4.600	3.739	3.344	3.112	2.958	2.848	2.764	2.699	2.646	2.602
15	4.543	3.682	3.287	3.056	2.901	2.790	2.707	2.641	2.588	2.544
16	4.494	3.634	3.239	3.007	2.852	2.741	2.657	2.591	2.538	2.494
17	4.451	3.592	3.197	2.965	2.810	2.699	2.614	2.548	2.494	2.450
18	4.414	3.555	3.160	2.928	2.773	2.661	2.577	2.510	2.456	2.412
19	4.381	3.522	3.127	2.895	2.740	2.628	2.544	2.477	2.423	2.378
20	4.351	3.493	3.098	2.866	2.711	2.599	2.514	2.447	2.393	2.348
21	4.325	3.467	3.072	2.840	2.685	2.573	2.488	2.420	2.366	2.321
22	4.301	3.443	3.049	2.817	2.661	2.549	2.464	2.397	2.342	2.297
23	4.279	3.422	3.028	2.796	2.640	2.528	2.442	2.375	2.320	2.275
24	4.260	3.403	3.009	2.776	2.621	2.508	2.423	2.355	2.300	2.255
25	4.242	3.385	2.991	2.759	2.603	2.490	2.405	2.337	2.282	2.236
26	4.225	3.369	2.975	2.743	2.587	2.474	2.388	2.321	2.265	2.220
27	4.210	3.354	2.960	2.728	2.572	2.459	2.373	2.305	2.250	2.204
28	4.196	3.340	2.947	2.714	2.558	2.445	2.359	2.291	2.236	2.190
29	4.183	3.328	2.934	2.701	2.545	2.432	2.346	2.278	2.223	2.177
30	4.171	3.316	2.922	2.690	2.534	2.421	2.334	2.266	2.211	2.165
40	4.085	3.232	2.839	2.606	2.449	2.336	2.249	2.180	2.124	2.077
60	4.001	3.150	2.758	2.525	2.368	2.254	2.167	2.097	2.040	1.993
120	3.920	3.072	2.680	2.447	2.290	2.175	2.087	2.016	1.959	1.910
∞	3.841	2.996	2.605	2.372	2.214	2.099	2.010	1.938	1.880	1.831

表 A.5 つづき

n \ m	11	12	15	20	25	30	40	60	120	∞
1	243.0	243.9	245.9	248.0	249.3	250.1	251.1	252.2	253.3	254.3
2	19.40	19.41	19.43	19.45	19.46	19.46	19.47	19.48	19.49	19.50
3	8.763	8.745	8.703	8.660	8.634	8.617	8.594	8.572	8.549	8.526
4	5.936	5.912	5.858	5.803	5.769	5.746	5.717	5.688	5.658	5.628
5	4.704	4.678	4.619	4.558	4.521	4.496	4.464	4.431	4.398	4.365
6	4.027	4.000	3.938	3.874	3.835	3.808	3.774	3.740	3.705	3.669
7	3.603	3.575	3.511	3.445	3.404	3.376	3.340	3.304	3.267	3.230
8	3.313	3.284	3.218	3.150	3.108	3.079	3.043	3.005	2.967	2.928
9	3.102	3.073	3.006	2.936	2.893	2.864	2.826	2.787	2.748	2.707
10	2.943	2.913	2.845	2.774	2.730	2.700	2.661	2.621	2.580	2.538
11	2.818	2.788	2.719	2.646	2.601	2.570	2.531	2.490	2.448	2.404
12	2.717	2.687	2.617	2.544	2.498	2.466	2.426	2.384	2.341	2.296
13	2.635	2.604	2.533	2.459	2.412	2.380	2.339	2.297	2.252	2.206
14	2.565	2.534	2.463	2.388	2.341	2.308	2.266	2.223	2.178	2.131
15	2.507	2.475	2.403	2.328	2.280	2.247	2.204	2.160	2.114	2.066
16	2.456	2.425	2.352	2.276	2.227	2.194	2.151	2.106	2.059	2.010
17	2.413	2.381	2.308	2.230	2.181	2.148	2.104	2.058	2.011	1.960
18	2.374	2.342	2.269	2.191	2.141	2.107	2.063	2.017	1.968	1.917
19	2.340	2.308	2.234	2.155	2.106	2.071	2.026	1.980	1.930	1.878
20	2.310	2.278	2.203	2.124	2.074	2.039	1.994	1.946	1.896	1.843
21	2.283	2.250	2.176	2.096	2.045	2.010	1.965	1.916	1.866	1.812
22	2.259	2.226	2.151	2.071	2.020	1.984	1.938	1.889	1.838	1.783
23	2.236	2.204	2.128	2.048	1.996	1.961	1.914	1.865	1.813	1.757
24	2.216	2.183	2.108	2.027	1.975	1.939	1.892	1.842	1.790	1.733
25	2.198	2.165	2.089	2.007	1.955	1.919	1.872	1.822	1.768	1.711
26	2.181	2.148	2.072	1.990	1.938	1.901	1.853	1.803	1.749	1.691
27	2.166	2.132	2.056	1.974	1.921	1.884	1.836	1.785	1.731	1.672
28	2.151	2.118	2.041	1.959	1.906	1.869	1.820	1.769	1.714	1.654
29	2.138	2.104	2.027	1.945	1.891	1.854	1.806	1.754	1.698	1.638
30	2.126	2.092	2.015	1.932	1.878	1.841	1.792	1.740	1.683	1.622
40	2.038	2.003	1.924	1.839	1.783	1.744	1.693	1.637	1.577	1.509
60	1.952	1.917	1.836	1.748	1.690	1.649	1.594	1.534	1.467	1.389
120	1.869	1.834	1.750	1.659	1.598	1.554	1.495	1.429	1.352	1.254
∞	1.789	1.752	1.666	1.571	1.506	1.459	1.394	1.318	1.221	1.002

表 **A.6** F 分布表 2 (上側 2.5% 点)

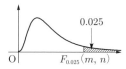

自由度 (m, n); $0.025 = P(F_{0.025}(m, n) \leqq F) \to F_{0.025}(m, n)$

n \ m	1	2	3	4	5	6	7	8	9	10
1	647.8	799.5	864.2	899.6	921.8	937.1	948.2	956.7	963.3	968.6
2	38.51	39.00	39.17	39.25	39.30	39.33	39.36	39.37	39.39	39.40
3	17.44	16.04	15.44	15.10	14.88	14.73	14.62	14.54	14.47	14.42
4	12.22	10.65	9.979	9.605	9.364	9.197	9.074	8.980	8.905	8.844
5	10.01	8.434	7.764	7.388	7.146	6.978	6.853	6.757	6.681	6.619
6	8.813	7.260	6.599	6.227	5.988	5.820	5.695	5.600	5.523	5.461
7	8.073	6.542	5.890	5.523	5.285	5.119	4.995	4.899	4.823	4.761
8	7.571	6.059	5.416	5.053	4.817	4.652	4.529	4.433	4.357	4.295
9	7.209	5.715	5.078	4.718	4.484	4.320	4.197	4.102	4.026	3.964
10	6.937	5.456	4.826	4.468	4.236	4.072	3.950	3.855	3.779	3.717
11	6.724	5.256	4.630	4.275	4.044	3.881	3.759	3.664	3.588	3.526
12	6.554	5.096	4.474	4.121	3.891	3.728	3.607	3.512	3.436	3.374
13	6.414	4.965	4.347	3.996	3.767	3.604	3.483	3.388	3.312	3.250
14	6.298	4.857	4.242	3.892	3.663	3.501	3.380	3.285	3.209	3.147
15	6.200	4.765	4.153	3.804	3.576	3.415	3.293	3.199	3.123	3.060
16	6.115	4.687	4.077	3.729	3.502	3.341	3.219	3.125	3.049	2.986
17	6.042	4.619	4.011	3.665	3.438	3.277	3.156	3.061	2.985	2.922
18	5.978	4.560	3.954	3.608	3.382	3.221	3.100	3.005	2.929	2.866
19	5.922	4.508	3.903	3.559	3.333	3.172	3.051	2.956	2.880	2.817
20	5.871	4.461	3.859	3.515	3.289	3.128	3.007	2.913	2.837	2.774
21	5.827	4.420	3.819	3.475	3.250	3.090	2.969	2.874	2.798	2.735
22	5.786	4.383	3.783	3.440	3.215	3.055	2.934	2.839	2.763	2.700
23	5.750	4.349	3.750	3.408	3.183	3.023	2.902	2.808	2.731	2.668
24	5.717	4.319	3.721	3.379	3.155	2.995	2.874	2.779	2.703	2.640
25	5.686	4.291	3.694	3.353	3.129	2.969	2.848	2.753	2.677	2.613
26	5.659	4.265	3.670	3.329	3.105	2.945	2.824	2.729	2.653	2.590
27	5.633	4.242	3.647	3.307	3.083	2.923	2.802	2.707	2.631	2.568
28	5.610	4.221	3.626	3.286	3.063	2.903	2.782	2.687	2.611	2.547
29	5.588	4.201	3.607	3.267	3.044	2.884	2.763	2.669	2.592	2.529
30	5.568	4.182	3.589	3.250	3.026	2.867	2.746	2.651	2.575	2.511
40	5.424	4.051	3.463	3.126	2.904	2.744	2.624	2.529	2.452	2.388
60	5.286	3.925	3.343	3.008	2.786	2.627	2.507	2.412	2.334	2.270
120	5.152	3.805	3.227	2.894	2.674	2.515	2.395	2.299	2.222	2.157
∞	5.024	3.689	3.116	2.786	2.567	2.408	2.288	2.192	2.114	2.048

表 A.6 つづき

m \ n	11	12	15	20	25	30	40	60	120	∞
1	973.0	976.7	984.9	993.1	998.1	1001	1006	1010	1014	1018
2	39.41	39.41	39.43	39.45	39.46	39.46	39.47	39.48	39.49	39.50
3	14.37	14.34	14.25	14.17	14.12	14.08	14.04	13.99	13.95	13.90
4	8.794	8.751	8.657	8.560	8.501	8.461	8.411	8.360	8.309	8.257
5	6.568	6.525	6.428	6.329	6.268	6.227	6.175	6.123	6.069	6.015
6	5.410	5.366	5.269	5.168	5.107	5.065	5.012	4.959	4.904	4.849
7	4.709	4.666	4.568	4.467	4.405	4.362	4.309	4.254	4.199	4.142
8	4.243	4.200	4.101	3.999	3.937	3.894	3.840	3.784	3.728	3.670
9	3.912	3.868	3.769	3.667	3.604	3.560	3.505	3.449	3.392	3.333
10	3.665	3.621	3.522	3.419	3.355	3.311	3.255	3.198	3.140	3.080
11	3.474	3.430	3.330	3.226	3.162	3.118	3.061	3.004	2.944	2.883
12	3.321	3.277	3.177	3.073	3.008	2.963	2.906	2.848	2.787	2.725
13	3.197	3.153	3.053	2.948	2.882	2.837	2.780	2.720	2.659	2.595
14	3.095	3.050	2.949	2.844	2.778	2.732	2.674	2.614	2.552	2.487
15	3.008	2.963	2.862	2.756	2.689	2.644	2.585	2.524	2.461	2.395
16	2.934	2.889	2.788	2.681	2.614	2.568	2.509	2.447	2.383	2.316
17	2.870	2.825	2.723	2.616	2.548	2.502	2.442	2.380	2.315	2.247
18	2.814	2.769	2.667	2.559	2.491	2.445	2.384	2.321	2.256	2.187
19	2.765	2.720	2.617	2.509	2.441	2.394	2.333	2.270	2.203	2.133
20	2.721	2.676	2.573	2.464	2.396	2.349	2.287	2.223	2.156	2.085
21	2.682	2.637	2.534	2.425	2.356	2.308	2.246	2.182	2.114	2.042
22	2.647	2.602	2.498	2.389	2.320	2.272	2.210	2.145	2.076	2.003
23	2.615	2.570	2.466	2.357	2.287	2.239	2.176	2.111	2.041	1.968
24	2.586	2.541	2.437	2.327	2.257	2.209	2.146	2.080	2.010	1.935
25	2.560	2.515	2.411	2.300	2.230	2.182	2.118	2.052	1.981	1.906
26	2.536	2.491	2.387	2.276	2.205	2.157	2.093	2.026	1.954	1.878
27	2.514	2.469	2.364	2.253	2.183	2.133	2.069	2.002	1.930	1.853
28	2.494	2.448	2.344	2.232	2.161	2.112	2.048	1.980	1.907	1.829
29	2.475	2.430	2.325	2.213	2.142	2.092	2.028	1.959	1.886	1.807
30	2.458	2.412	2.307	2.195	2.124	2.074	2.009	1.940	1.866	1.787
40	2.334	2.288	2.182	2.068	1.994	1.943	1.875	1.803	1.724	1.637
60	2.216	2.169	2.061	1.944	1.869	1.815	1.744	1.667	1.581	1.482
120	2.102	2.055	1.945	1.825	1.746	1.690	1.614	1.530	1.433	1.310
∞	1.993	1.945	1.833	1.708	1.626	1.566	1.484	1.388	1.268	1.003

表 **A.7** F 分布表 3（上側 1% 点）

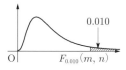

自由度 (m, n); $0.010 = P(F_{0.010}(m, n) \leqq F) \to F_{0.010}(m, n)$

n \ m	1	2	3	4	5	6	7	8	9	10
1	4052	5000	5403	5625	5764	5859	5928	5981	6022	6056
2	98.50	99.00	99.17	99.25	99.30	99.33	99.36	99.37	99.39	99.40
3	34.12	30.82	29.46	28.71	28.24	27.91	27.67	27.49	27.35	27.23
4	21.20	18.00	16.69	15.98	15.52	15.21	14.98	14.80	14.66	14.55
5	16.26	13.27	12.06	11.39	10.97	10.67	10.46	10.29	10.16	10.05
6	13.75	10.92	9.780	9.148	8.746	8.466	8.260	8.102	7.976	7.874
7	12.25	9.547	8.451	7.847	7.460	7.191	6.993	6.840	6.719	6.620
8	11.26	8.649	7.591	7.006	6.632	6.371	6.178	6.029	5.911	5.814
9	10.56	8.022	6.992	6.422	6.057	5.802	5.613	5.467	5.351	5.257
10	10.04	7.559	6.552	5.994	5.636	5.386	5.200	5.057	4.942	4.849
11	9.646	7.206	6.217	5.668	5.316	5.069	4.886	4.744	4.632	4.539
12	9.330	6.927	5.953	5.412	5.064	4.821	4.640	4.499	4.388	4.296
13	9.074	6.701	5.739	5.205	4.862	4.620	4.441	4.302	4.191	4.100
14	8.862	6.515	5.564	5.035	4.695	4.456	4.278	4.140	4.030	3.939
15	8.683	6.359	5.417	4.893	4.556	4.318	4.142	4.004	3.895	3.805
16	8.531	6.226	5.292	4.773	4.437	4.202	4.026	3.890	3.780	3.691
17	8.400	6.112	5.185	4.669	4.336	4.102	3.927	3.791	3.682	3.593
18	8.285	6.013	5.092	4.579	4.248	4.015	3.841	3.705	3.597	3.508
19	8.185	5.926	5.010	4.500	4.171	3.939	3.765	3.631	3.523	3.434
20	8.096	5.849	4.938	4.431	4.103	3.871	3.699	3.564	3.457	3.368
21	8.017	5.780	4.874	4.369	4.042	3.812	3.640	3.506	3.398	3.310
22	7.945	5.719	4.817	4.313	3.988	3.758	3.587	3.453	3.346	3.258
23	7.881	5.664	4.765	4.264	3.939	3.710	3.539	3.406	3.299	3.211
24	7.823	5.614	4.718	4.218	3.895	3.667	3.496	3.363	3.256	3.168
25	7.770	5.568	4.675	4.177	3.855	3.627	3.457	3.324	3.217	3.129
26	7.721	5.526	4.637	4.140	3.818	3.591	3.421	3.288	3.182	3.094
27	7.677	5.488	4.601	4.106	3.785	3.558	3.388	3.256	3.149	3.062
28	7.636	5.453	4.568	4.074	3.754	3.528	3.358	3.226	3.120	3.032
29	7.598	5.420	4.538	4.045	3.725	3.499	3.330	3.198	3.092	3.005
30	7.562	5.390	4.510	4.018	3.699	3.473	3.304	3.173	3.067	2.979
40	7.314	5.179	4.313	3.828	3.514	3.291	3.124	2.993	2.888	2.801
60	7.077	4.977	4.126	3.649	3.339	3.119	2.953	2.823	2.718	2.632
120	6.851	4.787	3.949	3.480	3.174	2.956	2.792	2.663	2.559	2.472
∞	6.635	4.605	3.782	3.319	3.017	2.802	2.639	2.511	2.407	2.321

表 A.7 つづき

m \ n	11	12	15	20	25	30	40	60	120	∞
1	6083	6106	6157	6209	6240	6261	6287	6313	6339	6366
2	99.41	99.42	99.43	99.45	99.46	99.47	99.47	99.48	99.49	99.50
3	27.13	27.05	26.87	26.69	26.58	26.50	26.41	26.32	26.22	26.13
4	14.45	14.37	14.20	14.02	13.91	13.84	13.75	13.65	13.56	13.46
5	9.963	9.888	9.722	9.553	9.449	9.379	9.291	9.202	9.112	9.020
6	7.790	7.718	7.559	7.396	7.296	7.229	7.143	7.057	6.969	6.880
7	6.538	6.469	6.314	6.155	6.058	5.992	5.908	5.824	5.737	5.650
8	5.734	5.667	5.515	5.359	5.263	5.198	5.116	5.032	4.946	4.859
9	5.178	5.111	4.962	4.808	4.713	4.649	4.567	4.483	4.398	4.311
10	4.772	4.706	4.558	4.405	4.311	4.247	4.165	4.082	3.996	3.909
11	4.462	4.397	4.251	4.099	4.005	3.941	3.860	3.776	3.690	3.602
12	4.220	4.155	4.010	3.858	3.765	3.701	3.619	3.535	3.449	3.361
13	4.025	3.960	3.815	3.665	3.571	3.507	3.425	3.341	3.255	3.165
14	3.864	3.800	3.656	3.505	3.412	3.348	3.266	3.181	3.094	3.004
15	3.730	3.666	3.522	3.372	3.278	3.214	3.132	3.047	2.959	2.868
16	3.616	3.553	3.409	3.259	3.165	3.101	3.018	2.933	2.845	2.753
17	3.519	3.455	3.312	3.162	3.068	3.003	2.920	2.835	2.746	2.653
18	3.434	3.371	3.227	3.077	2.983	2.919	2.835	2.749	2.660	2.566
19	3.360	3.297	3.153	3.003	2.909	2.844	2.761	2.674	2.584	2.489
20	3.294	3.231	3.088	2.938	2.843	2.778	2.695	2.608	2.517	2.421
21	3.236	3.173	3.030	2.880	2.785	2.720	2.636	2.548	2.457	2.360
22	3.184	3.121	2.978	2.827	2.733	2.667	2.583	2.495	2.403	2.305
23	3.137	3.074	2.931	2.781	2.686	2.620	2.535	2.447	2.354	2.256
24	3.094	3.032	2.889	2.738	2.643	2.577	2.492	2.403	2.310	2.211
25	3.056	2.993	2.850	2.699	2.604	2.538	2.453	2.364	2.270	2.169
26	3.021	2.958	2.815	2.664	2.569	2.503	2.417	2.327	2.233	2.131
27	2.988	2.926	2.783	2.632	2.536	2.470	2.384	2.294	2.198	2.097
28	2.959	2.896	2.753	2.602	2.506	2.440	2.354	2.263	2.167	2.064
29	2.931	2.868	2.726	2.574	2.478	2.412	2.325	2.234	2.138	2.034
30	2.906	2.843	2.700	2.549	2.453	2.386	2.299	2.208	2.111	2.006
40	2.727	2.665	2.522	2.369	2.271	2.203	2.114	2.019	1.917	1.805
60	2.559	2.496	2.352	2.198	2.098	2.028	1.936	1.836	1.726	1.601
120	2.399	2.336	2.192	2.035	1.932	1.860	1.763	1.656	1.533	1.381
∞	2.248	2.185	2.039	1.878	1.773	1.696	1.592	1.473	1.325	1.003

表 **A.8** F 分布表 4（上側 0.5% 点）

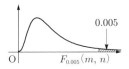

自由度 $(m, n);\ 0.005 = P(F_{0.005}(m, n) \leq F) \to F_{0.005}(m, n)$

n \ m	1	2	3	4	5	6	7	8	9	10
1	16210	20000	21620	22500	23060	23440	23720	23930	24090	24220
2	198.5	199.0	199.2	199.2	199.3	199.3	199.4	199.4	199.4	199.4
3	55.55	49.80	47.47	46.19	45.39	44.84	44.43	44.13	43.88	43.69
4	31.33	26.28	24.26	23.15	22.46	21.97	21.62	21.35	21.14	20.97
5	22.78	18.31	16.53	15.56	14.94	14.51	14.20	13.96	13.77	13.62
6	18.63	14.54	12.92	12.03	11.46	11.07	10.79	10.57	10.39	10.25
7	16.24	12.40	10.88	10.05	9.522	9.155	8.885	8.678	8.514	8.380
8	14.69	11.04	9.596	8.805	8.302	7.952	7.694	7.496	7.339	7.211
9	13.61	10.11	8.717	7.956	7.471	7.134	6.885	6.693	6.541	6.417
10	12.83	9.427	8.081	7.343	6.872	6.545	6.302	6.116	5.968	5.847
11	12.23	8.912	7.600	6.881	6.422	6.102	5.865	5.682	5.537	5.418
12	11.75	8.510	7.226	6.521	6.071	5.757	5.525	5.345	5.202	5.085
13	11.37	8.186	6.926	6.233	5.791	5.482	5.253	5.076	4.935	4.820
14	11.06	7.922	6.680	5.998	5.562	5.257	5.031	4.857	4.717	4.603
15	10.80	7.701	6.476	5.803	5.372	5.071	4.847	4.674	4.536	4.424
16	10.58	7.514	6.303	5.638	5.212	4.913	4.692	4.521	4.384	4.272
17	10.38	7.354	6.156	5.497	5.075	4.779	4.559	4.389	4.254	4.142
18	10.22	7.215	6.028	5.375	4.956	4.663	4.445	4.276	4.141	4.030
19	10.07	7.093	5.916	5.268	4.853	4.561	4.345	4.177	4.043	3.933
20	9.944	6.986	5.818	5.174	4.762	4.472	4.257	4.090	3.956	3.847
21	9.830	6.891	5.730	5.091	4.681	4.393	4.179	4.013	3.880	3.771
22	9.727	6.806	5.652	5.017	4.609	4.322	4.109	3.944	3.812	3.703
23	9.635	6.730	5.582	4.950	4.544	4.259	4.047	3.882	3.750	3.642
24	9.551	6.661	5.519	4.890	4.486	4.202	3.991	3.826	3.695	3.587
25	9.475	6.598	5.462	4.835	4.433	4.150	3.939	3.776	3.645	3.537
26	9.406	6.541	5.409	4.785	4.384	4.103	3.893	3.730	3.599	3.492
27	9.342	6.489	5.361	4.740	4.340	4.059	3.850	3.687	3.557	3.450
28	9.284	6.440	5.317	4.698	4.300	4.020	3.811	3.649	3.519	3.412
29	9.230	6.396	5.276	4.659	4.262	3.983	3.775	3.613	3.483	3.377
30	9.180	6.355	5.239	4.623	4.228	3.949	3.742	3.580	3.450	3.344
40	8.828	6.066	4.976	4.374	3.986	3.713	3.509	3.350	3.222	3.117
60	8.495	5.795	4.729	4.140	3.760	3.492	3.291	3.134	3.008	2.904
120	8.179	5.539	4.497	3.921	3.548	3.285	3.087	2.933	2.808	2.705
∞	7.879	5.298	4.279	3.715	3.350	3.091	2.897	2.744	2.621	2.519

表 A.8 つづき

n \ m	11	12	15	20	25	30	40	60	120	∞
1	24330	24430	24630	24840	24960	25040	25150	25250	25360	25460
2	199.4	199.4	199.4	199.4	199.5	199.5	199.5	199.5	199.5	199.5
3	43.52	43.39	43.08	42.78	42.59	42.47	42.31	42.15	41.99	41.83
4	20.82	20.70	20.44	20.17	20.00	19.89	19.75	19.61	19.47	19.32
5	13.49	13.38	13.15	12.90	12.76	12.66	12.53	12.40	12.27	12.14
6	10.13	10.03	9.814	9.589	9.451	9.358	9.241	9.122	9.001	8.879
7	8.270	8.176	7.968	7.754	7.623	7.534	7.422	7.309	7.193	7.076
8	7.104	7.015	6.814	6.608	6.482	6.396	6.288	6.177	6.065	5.951
9	6.314	6.227	6.032	5.832	5.708	5.625	5.519	5.410	5.300	5.188
10	5.746	5.661	5.471	5.274	5.153	5.071	4.966	4.859	4.750	4.639
11	5.320	5.236	5.049	4.855	4.736	4.654	4.551	4.445	4.337	4.226
12	4.988	4.906	4.721	4.530	4.412	4.331	4.228	4.123	4.015	3.904
13	4.724	4.643	4.460	4.270	4.153	4.073	3.970	3.866	3.758	3.647
14	4.508	4.428	4.247	4.059	3.942	3.862	3.760	3.655	3.547	3.436
15	4.329	4.250	4.070	3.883	3.766	3.687	3.585	3.480	3.372	3.260
16	4.179	4.099	3.920	3.734	3.618	3.539	3.437	3.332	3.224	3.112
17	4.050	3.971	3.793	3.607	3.492	3.412	3.311	3.206	3.097	2.984
18	3.938	3.860	3.683	3.498	3.382	3.303	3.201	3.096	2.987	2.873
19	3.841	3.763	3.587	3.402	3.287	3.208	3.106	3.000	2.891	2.776
20	3.756	3.678	3.502	3.318	3.203	3.123	3.022	2.916	2.806	2.690
21	3.680	3.602	3.427	3.243	3.128	3.049	2.947	2.841	2.730	2.614
22	3.612	3.535	3.360	3.176	3.061	2.982	2.880	2.774	2.663	2.546
23	3.551	3.475	3.300	3.116	3.001	2.922	2.820	2.713	2.602	2.484
24	3.497	3.420	3.246	3.062	2.947	2.868	2.765	2.658	2.546	2.428
25	3.447	3.370	3.196	3.013	2.898	2.819	2.716	2.609	2.496	2.377
26	3.402	3.325	3.151	2.968	2.853	2.774	2.671	2.563	2.450	2.330
27	3.360	3.284	3.110	2.928	2.812	2.733	2.630	2.522	2.408	2.287
28	3.322	3.246	3.073	2.890	2.775	2.695	2.592	2.483	2.369	2.247
29	3.287	3.211	3.038	2.855	2.740	2.660	2.557	2.448	2.333	2.210
30	3.255	3.179	3.006	2.823	2.708	2.628	2.524	2.415	2.300	2.176
40	3.028	2.953	2.781	2.598	2.482	2.401	2.296	2.184	2.064	1.932
60	2.817	2.742	2.570	2.387	2.270	2.187	2.079	1.962	1.834	1.689
120	2.618	2.544	2.373	2.188	2.069	1.984	1.871	1.747	1.606	1.431
∞	2.432	2.358	2.187	2.000	1.877	1.789	1.669	1.533	1.364	1.004

A.2 問題演習における数値計算上の注意

本書の例題や演習問題はルート機能のついた電卓を用いて取り組むことを想定している。問題演習時の解答の桁数のとり方などに一般的なルールはないが，実際の授業現場においては受講学生からの質問が多いのも事実である。ここでは，本書に限った数値計算上のルールをまとめておく。

(1) 原則として，求める数値が割り切れないときや割り切れても桁数が大き過ぎるときは四捨五入して丸めた値を用いるが，計算の途中では桁数を多めにとり，最後の結果は必要な桁数に丸めて表示した。

(2) 分散を求めてから標準偏差を求める場合，丸めた分散から求めるのではなく，誤差を小さくするために，偏差の2乗和を直接用いて計算した。例えば，例題1.5(1)では，丸めた分散の値を用いて $s = \sqrt{5.33}$ とせずに，偏差の2乗和を直接用いて $s = \sqrt{48/9} \fallingdotseq 2.3$ とした（電卓で $\sqrt{48/9}$ の値を計算するには，$48 \div 9$ を計算してからルートボタンを押せばよい）。

(3) 相関係数および回帰係数の計算も (2) と同様の理由により，偏差の2乗和，偏差の積和を直接用いて計算した。

(4) ルートが混ざった値を計算する場合，電卓処理を行いやすいように，ルート部分はなるべく一つにまとめ式の先頭に置いた。例えば，例題6.2のように $\dfrac{4.9 - 4.6}{\sqrt{0.39}/\sqrt{100}}$ を計算する場合，$\dfrac{4.9 - 4.6}{\sqrt{0.39}/\sqrt{100}} = \sqrt{\dfrac{100}{0.39}} \times 0.3$ と変形した（これを電卓で計算するには，$100 \div 0.39$ を実行してからルートボタンを押し，その後で 0.3 をかければよい）。

(5) 1章において，平均値，標準偏差はもとのデータより1桁落とした位で表示し，分散はもとのデータより2桁落とした位で表示した。また，共分散はもとのデータより2桁落とした位で表示し，相関係数，回帰係数は小数第3位までで表示した。2章および3章における確率・期待値・分散の計算は，原則として近似値で求めず，分数表記で解答した。5章の区間推定および6章の実現値の計算においては，原則として小数第3位までで表示した。7章において，分散比は小数第3位まで，それ以外の数値は小数第4位までで表示した。

引用・参考文献

本書の執筆に当たり，以下の図書を参照させていただいた．

[1] 尾畑伸明：数理統計学の基礎，共立出版 (2014)
[2] 階堂武郎：医系の統計入門，森北出版 (2013)
[3] 北川敏男，稲葉三男：基礎数学 統計学通論，共立出版 (1979)
[4] 竹内 啓 編：統計学辞典，東洋経済新報社 (1989)
[5] 竹村彰通：統計，共立出版 (2007)
[6] 田中 豊，垂水共之 編：Windows 版 統計解析ハンドブック 基礎統計，共立出版 (1997)
[7] 東京大学教養学部統計学教室 編：統計学入門，東京大学出版会 (1991)
[8] 道工 勇：確率と統計，数学書房 (2012)
[9] 道家暎幸，土井 誠，山本義郎：確率統計序論，東海大学出版会 (2016)
[10] 永田 靖：入門実験計画法，日科技連出版社 (2000)
[11] 日本統計学会 編：日本統計学会公式認定 統計検定 2 級対応 統計学基礎，東京図書 (2012)
[12] 野田一雄，宮岡悦良：数理統計学の基礎，共立出版 (1992)
[13] 服部哲也：理工系の確率・統計入門，学術図書 (2010)
[14] 水谷 仁 編：統計と確率ケーススタディ 30，ニュートンプレス (2014)
[15] 村上正康，安田正實：統計学演習，培風館 (1989)
[16] 山本義郎，鳥越規央：統計学序論，東海大学出版会 (2013)

演習問題解答

演習問題 1.1

【1】 10 から 40 の範囲で，階級の数を 6，級間隔を 5 とする（**解表 1.1**, **解図 1.1**）。

解表 1.1

階級 以上　未満	階級値	度数	累積度数	相対度数	累積相対度数
10～15	12.5	3	3	0.10	0.10
15～20	17.5	7	10	0.23	0.33
20～25	22.5	12	22	0.40	0.73
25～30	27.5	5	27	0.17	0.90
30～35	32.5	2	29	0.07	0.97
35～40	37.5	1	30	0.03	1.00
合計	—	30	—	1.00	—

〔注〕相対度数は小数第 3 位を四捨五入し，小数第 2 位までで表示した。

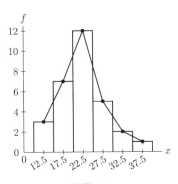

解図 1.1

演習問題 1.2

【1】 (1) $\bar{x} = \dfrac{1368}{20} = 68.4$, $M_e = \dfrac{67 + 68}{2} = 67.5$

(2) $\bar{x} = \dfrac{54 \times 2 + 62 \times 6 + 70 \times 7 + 78 \times 3 + 86 \times 2}{20} = \dfrac{1376}{20} = 68.8$, $M_o = 70$

演習問題 1.3

【1】 $\bar{x}_1$ について $s_1^2 = \dfrac{(10-10)^2 + (10-10)^2 + (11-10)^2}{3} = \dfrac{1}{3} \fallingdotseq 0.33$

$\bar{x}_2$ について $s_2^2 = \dfrac{(10-10.3)^2 + (10-10.3)^2 + (11-10.3)^2}{3} = \dfrac{0.67}{3} \fallingdotseq 0.22$

$\bar{x}_3$ について $s_3^2 = \dfrac{(10-10.33)^2 + (10-10.33)^2 + (11-10.33)^2}{3} = \dfrac{0.6667}{3} \fallingdotseq 0.22$

【2】 (1) $\bar{x}_A = \dfrac{1092}{6} = 182$, $\bar{x}_B = \dfrac{1062}{6} = 177$

$s_A^2 = \dfrac{73^2 + 6^2 + 30^2 + 19^2 + 50^2 + 20^2}{6} = \dfrac{9526}{6} \fallingdotseq 1587.67$,

$s_B^2 = \dfrac{48^2 + 13^2 + 0^2 + 37^2 + 11^2 + 35^2}{6} = \dfrac{5188}{6} \fallingdotseq 864.67$

(2) $s_A^2 > s_B^2$ より，A 病院の外来患者数の方がばらつきが大きいといえる。

【3】 A 町のデータについて，範囲，第 1 四分位数，第 2 四分位数，第 3 四分位数をそれぞれ $R_A, Q_{1A}, Q_{2A}, Q_{3A}$ とおき，B 町のデータについても同様に $R_B, Q_{1B}, Q_{2B}, Q_{3B}$ とおく。

(1) $R_A = 23 - 7 = 16$, $R_B = 20 - 7 = 13$

(2) $Q_{1A} = \dfrac{9+9}{2} = 9$, $Q_{2A} = \dfrac{10+10}{2} = 10$, $Q_{3A} = \dfrac{12+15}{2} = 13.5$ より，A 町のデータの四分位範囲は $Q_{3A} - Q_{1A} = 4.5$ である。一方，$Q_{1B} = \dfrac{8+8}{2} = 8$, $Q_{2B} = \dfrac{8+12}{2} = 10$, $Q_{3B} = \dfrac{18+18}{2} = 18$ より，B 町のデータの四分位範囲は $Q_{3B} - Q_{1B} = 10$ となる。

(3) B 町のデータの四分位範囲の方が A 町のものより大きいので，B 町のデータの方がばらつきが大きいといえる（$R_A > R_B$ であるが，A 町のデータにははずれ値 23 があることに注意）。

演習問題 1.4

【1】 x, y のデータの平均値は $\bar{x} = \dfrac{141}{5} = 28.2$, $\bar{y} = \dfrac{152}{5} = 30.4$ である（**解表 1.2**）。

解表 1.2

	x_i	y_i	$x_i - \overline{x}$	$(x_i - \overline{x})^2$	$y_i - \overline{y}$	$(y_i - \overline{y})^2$	$(x_i - \overline{x})(y_i - \overline{y})$
	22	27	-6.2	38.44	-3.4	11.56	21.08
	27	28	-1.2	1.44	-2.4	5.76	2.88
	40	37	11.8	139.24	6.6	43.56	77.88
	32	36	3.8	14.44	5.6	31.36	21.28
	20	24	-8.2	67.24	-6.4	40.96	52.48
合計	141	152	—	260.80	—	133.20	175.60

よって，相関係数は $\quad r = \dfrac{175.60}{\sqrt{260.80}\sqrt{133.20}} = \dfrac{175.6}{\sqrt{34738.56}} \fallingdotseq 0.942$

演習問題 1.5

【1】 $\overline{x} = \dfrac{36}{8} = 4.5$, $\overline{y} = \dfrac{102}{8} = 12.75$ である（**解表 1.3**）。

解表 1.3

	x_i	y_i	$x_i - \overline{x}$	$(x_i - \overline{x})^2$	$y_i - \overline{y}$	$(x_i - \overline{x})(y_i - \overline{y})$
	1	10	-3.5	12.25	-2.75	9.625
	2	12	-2.5	6.25	-0.75	1.875
	3	11	-1.5	2.25	-1.75	2.625
	4	12	-0.5	0.25	-0.75	0.375
	5	14	0.5	0.25	1.25	0.625
	6	14	1.5	2.25	1.25	1.875
	7	15	2.5	6.25	2.25	5.625
	8	14	3.5	12.25	1.25	4.375
合計	36	102	—	42.00	—	27.000

$a = \dfrac{27.000}{42.00} \fallingdotseq 0.643$, $b = \overline{y} - a\overline{x} = 12.75 - \dfrac{27}{42} \times 4.5 \fallingdotseq 9.857$

よって，回帰直線は $y = 0.643x + 9.857$ である（**解図 1.2**）。

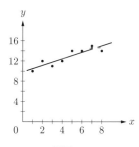

解図 1.2

【2】 (1) $\bar{x} = \dfrac{144}{5} = 28.8$, $\bar{y} = \dfrac{1840}{5} = 368$ である（**解表 1.4**）。

解表 1.4

	x_i	y_i	$x_i - \bar{x}$	$(x_i - \bar{x})^2$	$y_i - \bar{y}$	$(x_i - \bar{x})(y_i - \bar{y})$
	24	320	−4.8	23.04	−48	230.4
	29	360	0.2	0.04	−8	−1.6
	26	310	−2.8	7.84	−58	162.4
	30	400	1.2	1.44	32	38.4
	35	450	6.2	38.44	82	508.4
合計	144	1840	−	70.80	−	938.0

$$a = \dfrac{938.0}{70.80} \fallingdotseq 13.249, \quad b = \bar{y} - a\bar{x} = 368 - \dfrac{938.0}{70.80} \times 28.8 \fallingdotseq -13.560$$

よって，回帰直線は $y = 13.249x - 13.560$ である。

(2) (1) で得た回帰直線の式に $x = 37$ を代入すると
$$y = 13.249 \times 37 - 13.560 = 476.653$$
となるので，477 杯と予測される。

演習問題 2.1

【1】 (1) $_7\mathrm{P}_5 = 2520$ 通り

(2) 両端の奇数の並べ方は $_3\mathrm{P}_2 = 6$ 通り。残りの五つの数の並べ方は $_5\mathrm{P}_5 = 120$ 通り。よって求める整数の個数は $6 \times 120 = 720$ 通りである。

演習問題 2.2

【1】 (1) $_8\mathrm{C}_5 = 56$ 通り (2) $_8\mathrm{C}_3 \times _4\mathrm{C}_2 = 56 \times 6 = 336$ 通り

(3) $_{12}\mathrm{C}_5 - 56 = 792 - 56 = 736$ 通り

【2】 $_{10}\mathrm{C}_4 \times _6\mathrm{C}_3 \times _3\mathrm{C}_2 = 210 \times 20 \times 3 = 12600$ 通り

演習問題 2.3

【1】 すべての場合の数は $_8\mathrm{C}_3 = 56$ 通り，白球 1 個と赤球 2 個となる場合の数は $_3\mathrm{C}_1 \times _5\mathrm{C}_2 = 30$ 通りである。よって，求める確率は $\dfrac{30}{56} = \dfrac{15}{28}$ である。

【2】 5 年間の全出生児の数は 382711 人。そのうち女児の数は 186319 人。よって，求める確率は $\dfrac{186319}{382711} = 0.4868\cdots$ となるので，およそ 0.49 となる。

演 習 問 題 解 答   195

演習問題 2.4

【1】 (1) 3個とも赤球であるという事象を A, 3個とも白球であるという事象を B とすると, 求める確率は $P(A \cup B)$ と書ける。事象 A と事象 B は互いに排反であるから, $P(A \cup B) = P(A) + P(B) = \dfrac{{}_4C_3}{{}_9C_3} + \dfrac{{}_5C_3}{{}_9C_3} = \dfrac{4+10}{84} = \dfrac{1}{6}$

(2) 求める確率は $P(\overline{B})$ なので, $P(\overline{B}) = 1 - P(B) = 1 - \dfrac{10}{84} = \dfrac{37}{42}$

【2】 (1) $A \cap B = \{b, d\}$ より, $P(A \cap B) = \dfrac{2}{8} = \dfrac{1}{4}$

(2) $P(A \cup B) = P(A) + P(B) - P(A \cap B) = \dfrac{4}{8} + \dfrac{4}{8} - \dfrac{2}{8} = \dfrac{3}{4}$

(3) $\overline{B} \cap C = \{c, e\}$ より $P(\overline{B} \cap C) = \dfrac{2}{8} = \dfrac{1}{4}$

演習問題 2.5

【1】 $P(A|B) = \dfrac{P(A \cap B)}{P(B)} = \dfrac{1/7}{1/2} = \dfrac{2}{7}$

$P(B|A) = \dfrac{P(A \cap B)}{P(A)} = \dfrac{1/7}{1/3} \times 3 = \dfrac{3}{7}$

$P(A \cup B) = P(A) + P(B) - P(A \cap B) = \dfrac{1}{3} + \dfrac{1}{2} - \dfrac{1}{7} = \dfrac{29}{42}$

$P(\overline{A}|B) = 1 - P(A|B) = 1 - \dfrac{2}{7} = \dfrac{5}{7}$

【2】 $P(A|B) = \dfrac{1}{2} = P(A)$ より A と B は独立である。また, $P(A|C) = \dfrac{1}{3}$, $P(A) = \dfrac{1}{2}$ より, $P(A|C) \neq P(A)$ なので A と C は独立でない。

演習問題 2.6

【1】 A の袋を選ぶという事象を A, B の袋を選ぶという事象を B, C の袋を選ぶという事象を C とすると, $P(A) = P(B) = P(C) = \dfrac{1}{3}$ である。また, 白球を取り出すという事象を D とすると, $P(D|A) = \dfrac{3}{8}$ であり, 同様に $P(D|B) = \dfrac{1}{4}$, $P(D|C) = \dfrac{1}{2}$ である。よって, ベイズの定理より, 取り出した白球が A の袋から出た確率 $P(A|D)$ は

$$P(A|D) = \dfrac{P(A)P(D|A)}{P(A)P(D|A) + P(B)P(D|B) + P(C)P(D|C)}$$

$$= \dfrac{\dfrac{1}{3} \cdot \dfrac{3}{8}}{\dfrac{1}{3} \cdot \dfrac{3}{8} + \dfrac{1}{3} \cdot \dfrac{1}{4} + \dfrac{1}{3} \cdot \dfrac{1}{2}} = \dfrac{1}{3}$$

また，取り出した白球が B の袋から出た確率 $P(B|D)$ は

$$P(B|D) = \frac{P(B)P(D|B)}{P(A)P(D|A) + P(B)P(D|B) + P(C)P(D|C)}$$

$$= \frac{\frac{1}{3} \cdot \frac{1}{4}}{\frac{1}{3} \cdot \frac{3}{8} + \frac{1}{3} \cdot \frac{1}{4} + \frac{1}{3} \cdot \frac{1}{2}} = \frac{2}{9}$$

演習問題 2.7

【1】(1) 1 回の試行で偶数が出る確率は $p = 1/2$, 試行回数は 6 なので

$${}_6C_3 \left(\frac{1}{2}\right)^3 \left(\frac{1}{2}\right)^{6-3} = \frac{5}{16}$$

(2) 1 回の試行で 5 以上の目が出る確率は $p = 1/3$, 試行回数は 6 なので

$${}_6C_2 \left(\frac{1}{3}\right)^2 \left(\frac{2}{3}\right)^{6-2} = \frac{80}{243}$$

(3) 1 回の試行で 4 の目が出る確率は $p = 1/6$, 試行回数は 6 なので

$${}_6C_5 \left(\frac{1}{6}\right)^5 \left(\frac{5}{6}\right) + {}_6C_6 \left(\frac{1}{6}\right)^6 = \frac{31}{46656}$$

演習問題 3.1

【1】(1) $P(X \leqq 6) = \dfrac{13}{16}$, $P(3 \leqq X \leqq 7) = \dfrac{9}{16}$

(2) $E(X) = \dfrac{7}{2}$, $V(X) = \dfrac{25}{4}$, $\sigma(X) = \dfrac{5}{2}$

【2】$P(X = k)$ は $k-1$ 回目までは白球を取り，k 回目に赤球を取る確率なので
$P(X = 1) = \dfrac{3}{6} = \dfrac{1}{2}$, $P(X = 2) = \dfrac{3}{6} \times \dfrac{3}{5} = \dfrac{3}{10}$,
$P(X = 3) = \dfrac{3}{6} \times \dfrac{2}{5} \times \dfrac{3}{4} = \dfrac{3}{20}$,
$P(X = 4) = \dfrac{3}{6} \times \dfrac{2}{5} \times \dfrac{1}{4} \times \dfrac{3}{3} = \dfrac{1}{20}$

また，$E(X) = \dfrac{7}{4}$, $V(X) = \dfrac{63}{80}$ となる (**解表 3.1**)。

解表 3.1

X	1	2	3	4	計
確率	$\dfrac{1}{2}$	$\dfrac{3}{10}$	$\dfrac{3}{20}$	$\dfrac{1}{20}$	1

演習問題 3.2

【1】$X \sim B(4, 1/4)$ より，**解表 3.2** を得る。

解表 3.2

X	0	1	2	3	4	計
確率	$\dfrac{81}{256}$	$\dfrac{108}{256}$	$\dfrac{54}{256}$	$\dfrac{12}{256}$	$\dfrac{1}{256}$	1

【2】 $X \sim B(100, 7/10)$ より，X の期待値 $E(X)$ と分散 $V(X)$ は

$$E(X) = 100 \times \frac{7}{10} = 70, \qquad V(X) = 100 \times \frac{7}{10} \times \left(1 - \frac{7}{10}\right) = 21$$

演習問題 3.3

【1】 $X \sim Po(1)$ であるから，$P(2 \leq X) = 1 - P(X \leq 1) = 1 - 2e^{-1} \fallingdotseq 0.2642$

【2】 2000個仕入れたときの不良品の個数を X とおくと，$X \sim B(2000, 3/1000)$ である。$\lambda = np = 2000 \times 3/1000 = 6$ より，二項分布 $B(2000, 3/1000)$ はポアソン分布 $Po(6)$ で近似できるから，$P(X \leq 3) \fallingdotseq 61e^{-6} \fallingdotseq 0.1512$ となる。

演習問題 3.4

【1】 取り出す赤球の個数を X として，$P(X=2) = \dfrac{{}_{20}C_2 \times {}_{20}C_2}{{}_{40}C_4} = \dfrac{190}{481}$ となる。
（この X は超幾何分布 $HG(40, 20; 4)$ に従う）

演習問題 3.5

【1】 (1) $P(0 \leq X) = \dfrac{1}{2}, \quad P(1 \leq X \leq 2) = \dfrac{5}{27}$

(2) $E(X) = 0, \quad V(X) = \dfrac{9}{5}, \quad \sigma(X) = \dfrac{3\sqrt{5}}{5}$

演習問題 3.6

【1】 (1) $P(-1.43 \leq Z \leq 0) = 0.4236$

(2) $P(-2.13 \leq Z \leq 1.87) = 0.4834 + 0.4693 = 0.9527$

(3) $P(1.26 \leq Z \leq 2.55) = 0.4946 - 0.3962 = 0.0984$

(4) $P(Z \leq 2.14) = 0.5 + 0.4838 = 0.9838$

【2】 $a = z_{0.2} = 0.842, \quad b = z_{0.05} = 1.645, \quad c = z_{0.244} = 0.693$

演習問題 3.7

【1】 $X \sim N(5, 4)$ より $Z = \dfrac{X-5}{2} \sim N(0,1)$ となることを用いる。

(1) $P(5 \leq X \leq 7.7) = P(0 \leq Z \leq 1.35) = 0.4115$

(2) $P(1.86 \leq X) = P(-1.57 \leq Z) = 0.4418 + 0.5 = 0.9418$

(3) $P(0.18 \leq X \leq 2.56) = P(-2.41 \leq Z \leq -1.22)$
$\qquad\qquad\qquad\qquad\quad = 0.4920 - 0.3888 = 0.1032$

(4) $P(11.1 \leq X) = P(3.05 \leq Z) = 0.5 - 0.4989 = 0.0011$

演習問題 3.8

【1】 $X \sim B(50, 1/3)$ であり，X の期待値 $E(X)$ と分散 $V(X)$ は

$$E(X) = 50 \times \frac{1}{3} = \frac{50}{3}, \qquad V(X) = 50 \times \frac{1}{3} \times \left(1 - \frac{1}{3}\right) = \left(\frac{10}{3}\right)^2$$

となる。よって，二項分布 $B(50, 1/3)$ は正規分布 $N(50/3, (10/3)^2)$ で近似される。Y を正規分布 $N(50/3, (10/3)^2)$ に従う確率変数とすると

$$Z = \frac{Y - \dfrac{50}{3}}{\dfrac{10}{3}} = \frac{3Y - 50}{10} \sim N(0, 1)$$

となるから

$$P(10 \leqq X \leqq 20) \fallingdotseq P(9.5 \leqq Y \leqq 20.5) = P(-2.15 \leqq Z \leqq 1.15)$$
$$= 0.4842 + 0.3749 = 0.8591$$
$$P(15 \leqq X) \fallingdotseq P(14.5 \leqq Y) = P(-0.65 \leqq Z)$$
$$= 0.2422 + 0.5 = 0.7422$$

【2】 発芽する種子の粒数を X とおくと求める確率は $P(930 \leqq X)$ である。$X \sim B(2500, 0.36)$ であり，$E(X) = 2500 \times 0.36 = 900$, $V(X) = 2500 \times 0.36 \times (1 - 0.36) = 24^2$ である。よって，二項分布 $B(2500, 0.36)$ は正規分布 $N(900, 24^2)$ で近似されるから，$Z = \dfrac{X - 900}{24} \sim N(0, 1)$ とみなしてよい。よって

$$P(930 \leqq X) = P(1.25 \leqq Z) = 0.5 - 0.3944 = 0.1056$$

演習問題 3.9

【1】 客が来店する時間間隔を X 時間とおくと，求める確率は $P(1 \leqq X \leqq 2)$ である。$X \sim Exp(2)$ であるから

$$P(1 \leqq X \leqq 2) = \int_1^2 f(x)\, dx = \int_1^2 2e^{-2x}\, dx$$
$$= \left[-e^{-2x}\right]_1^2 = e^{-2} - e^{-4} \fallingdotseq 0.1170$$

演習問題 4.1

【1】 標本平均 $\overline{X}$ の実現値 $\overline{x} = 1002$，不偏分散 U^2 の実現値 $u^2 = \dfrac{6.12}{6 - 1} = 1.224$

【2】 問題文の9人の平均身長を $\overline{X}$〔cm〕とおくと，求める確率は $P(160 \leqq \overline{X})$ である。$\overline{X} \sim N(159, 6^2/9)$ より $Z = \dfrac{\overline{X} - 159}{\frac{6}{\sqrt{9}}} = \dfrac{\overline{X} - 159}{2} \sim N(0, 1)$ となるから，$P(160 \leqq \overline{X}) = P(0.5 \leqq Z) = 0.5 - 0.1915 = 0.3085$ となる。

【3】 問題文の100本のねじの重さの平均を $\overline{X}$〔g〕とおくと，求める確率は $P(4.99 \leqq \overline{X} \leqq 5.01)$ である。中心極限定理より，近似的に

$$Z = \frac{\overline{X} - 5}{\frac{0.05}{\sqrt{100}}} = \frac{\overline{X} - 5}{0.005} \sim N(0, 1)$$

となるから，$P(4.99 \leqq \overline{X} \leqq 5.01) = P(-2 \leqq Z \leqq 2) = 2 \times 0.4772 = 0.9544$

演習問題 4.2
【1】 近似的に $Z = \dfrac{\widehat{P} - 0.55}{\sqrt{\dfrac{0.55 \times (1 - 0.55)}{99}}} = \dfrac{\widehat{P} - 0.55}{0.05} \sim N(0, 1)$ とみなしてよい。

よって，$P(0.5 \leqq \widehat{P}) = P(-1 \leqq Z) = 0.3413 + 0.5 = 0.8413$

演習問題 4.3
【1】 $a = \chi^2_{0.95}(23) = 13.09,\ b = \chi^2_{0.01}(23) = 41.64,\ c = \chi^2_{0.05}(23) = 35.17$

【2】 $a = \dfrac{5}{3} \chi^2_{0.01}(15) = \dfrac{5}{3} \times 30.58 \fallingdotseq 50.97$

演習問題 4.4
【1】 $a = t_{0.1}(22) = 1.321,\ b = -t_{0.3}(22) = -0.5321,\ c = t_{0.15}(22) = 1.061$

【2】 $a = \dfrac{1}{4} t_{0.005}(15) = \dfrac{1}{4} \times 2.947 \fallingdotseq 0.7368$

演習問題 4.5
【1】 $a = F_{0.01}(30, 20) = 2.778,$

$b = F_{0.995}(30, 20) = \dfrac{1}{F_{0.005}(20, 30)} = \dfrac{1}{2.823} \fallingdotseq 0.3542,$

$c = F_{0.99}(30, 20) = \dfrac{1}{F_{0.01}(20, 30)} = \dfrac{1}{2.549} \fallingdotseq 0.3923$

演習問題 5.1
【1】 標本平均 72.6，不偏分散 208.711

演習問題 5.2

【1】母集団の分布および母分散も未知であるが，標本の大きさ $n = 100$ は十分大きいと考え，中心極限定理による正規分布への近似および大標本法を用いる。標本平均 $\overline{X}$ の実現値 $\overline{x} = 62.3$，不偏分散 U^2 の実現値 $u^2 = 13.8^2$ である。また，$Z = \dfrac{\overline{X} - \mu}{\dfrac{U}{\sqrt{n}}}$ は近似的に $N(0,1)$ に従う。正規分布表より $z_{0.025} = 1.96$ なので，μ の 95%信頼区間の近似として

$$\left[62.3 - 1.96 \times \frac{13.8}{\sqrt{100}},\ 62.3 + 1.96 \times \frac{13.8}{\sqrt{100}}\right] \fallingdotseq [59.595, 65.005]$$

を得る。また，標本の大きさを n_0 とするとき，誤差の許容限度が 1 以下であるためには，$1.96 \times \dfrac{13.8}{\sqrt{n_0}} \leq 1$ すなわち $n_0 \geq (1.96 \times 13.8)^2 = 731.59\cdots$ であればよい。したがって，答案の枚数が 732 枚以上必要である。

【2】標本の大きさ $n = 15$，標本平均 $\overline{X}$ の実現値 $\overline{x} = 52000$，不偏分散 U^2 の実現値 $u^2 = 2500^2$ である。また，$T = \dfrac{\overline{X} - \mu}{\dfrac{U}{\sqrt{n}}}$ は自由度 $n - 1 = 14$ の t 分布に従う。t 分布表より $t_{0.025}(14) = 2.145$ なので，母平均 μ の 95%信頼区間は

$$\left[52000 - 2.145 \times \frac{2500}{\sqrt{15}},\ 52000 + 2.145 \times \frac{2500}{\sqrt{15}}\right]$$
$$\fallingdotseq [50615.408, 53384.592]$$

である。

【3】標本の大きさ n，母分散 $\sigma^2 = 18$，$z_{0.025} = 1.96$ であるから，信頼区間の幅は $\dfrac{2\sigma z_{0.025}}{\sqrt{n}}$（誤差の許容限度の 2 倍）である。これが 3 より小さければよいので，$\dfrac{2\sigma z_{0.025}}{\sqrt{n}} < 3$，すなわち，$n > \left(\dfrac{2\sigma z_{0.025}}{3}\right)^2 = 30.7328$。よって，標本の大きさを 31 以上にすればよい。

演習問題 5.3

【1】標本の大きさ $n = 18$，標本分散 S^2 の実現値 $s^2 = 24.7^2$ である。不偏分散 U^2 について，$U^2 = \dfrac{n}{n-1}S^2$ であるから，U^2 の実現値 $u^2 = \dfrac{18}{17} \times 24.7^2$ である。また，$\chi^2 = \dfrac{(n-1)U^2}{\sigma^2}$ は自由度 $n - 1 = 17$ の χ^2 分布に従う。χ^2 分布表より，$\chi^2_{0.025}(17) = 30.19$，$\chi^2_{0.975}(17) = 7.564$ であるから，母分散の 95%信頼

区間は，$\left[\dfrac{17 \times \frac{18}{17} \times 24.7^2}{30.19}, \dfrac{17 \times \frac{18}{17} \times 24.7^2}{7.564}\right] \fallingdotseq [363.750, 1\,451.827]$

である。

【2】 標本の大きさ $n = 10$, 標本平均 $\overline{X}$ の実現値 $\overline{x} = 58.93$, 不偏分散 U^2 の実現値 $u^2 = \dfrac{113.241}{10-1} \fallingdotseq 12.582$ である。また，$\chi^2 = \dfrac{(n-1)U^2}{\sigma^2}$ は自由度 $n - 1 = 9$ の χ^2 分布に従う。χ^2 分布表より，$\chi^2_{0.025}(9) = 19.02$, $\chi^2_{0.975}(9) = 2.700$ なので，母分散の95%信頼区間は，$\left[\dfrac{9 \times \frac{113.241}{10-1}}{19.02}, \dfrac{9 \times \frac{113.241}{10-1}}{2.7}\right] \fallingdotseq [5.954, 41.941]$

である。

演習問題 5.4

【1】 この番組を視聴していた世帯の割合を p とする。標本の大きさ $n = 600$, 標本比率の実現値 $\widehat{p} = \dfrac{149}{600} \fallingdotseq 0.2483$ である。また

$$n\widehat{p} = 600 \times \dfrac{149}{600} = 149 \geqq 5, \ n(1-\widehat{p}) = 600 \times \left(1 - \dfrac{149}{600}\right) = 451 \geqq 5$$

なので，$Z = \dfrac{\widehat{P} - p}{\sqrt{\dfrac{p(1-p)}{n}}}$ は近似的に $N(0, 1)$ に従う。$z_{0.005} = 2.576$ なので，求める信頼区間は

$$\left[0.2483 - 2.576\sqrt{\dfrac{\frac{149}{600} \times \frac{451}{600}}{600}}, \ 0.2483 + 2.576\sqrt{\dfrac{\frac{149}{600} \times \frac{451}{600}}{600}}\right]$$
$\fallingdotseq [0.203, 0.294]$

である。

【2】 この県の小学6年生の携帯電話所有率を p とする。標本の大きさ $n = 300$, 標本比率の実現値 $\widehat{p} = \dfrac{159}{300} = 0.53$ である。また

$$n\widehat{p} = 300 \times \dfrac{159}{300} = 159 \geqq 5, \ n(1-\widehat{p}) = 300 \times \left(1 - \dfrac{159}{300}\right) = 141 \geqq 5$$

なので，$Z = \dfrac{\widehat{P} - p}{\sqrt{\dfrac{p(1-p)}{n}}}$ は近似的に $N(0, 1)$ に従う。$z_{0.025} = 1.96$ なので，求める信頼区間は

$$\left[0.53 - 1.96\sqrt{\dfrac{0.53 \times 0.47}{300}}, \ 0.53 + 1.96\sqrt{\dfrac{0.53 \times 0.47}{300}}\right] \fallingdotseq [0.474, 0.586]$$

演習問題 6.1

【1】 $n = 20$, $\overline{x} = 151.2$, $u^2 = 70.78$, $\alpha = 0.05$

仮説：$H_0 : \mu = \mu_0 = 145$, $H_1 : \mu > 145$（右側検定）

σ^2 は未知である。H_0 の下で $T = \dfrac{\overline{X} - \mu_0}{U/\sqrt{n}}$ は自由度 19 の t 分布に従い，

$\alpha = 0.05$ に対する棄却域は，$R = [1.729, \infty)$ である。

T の実現値は $T_0 = \dfrac{\overline{x} - \mu_0}{u/\sqrt{n}} = \dfrac{151.2 - 145}{\sqrt{70.78/20}} = \sqrt{\dfrac{20}{70.78}} \times 6.2 \fallingdotseq 3.296$

したがって，H_0 は棄却されるので，全国に比べて背筋力があるといえる。

【2】 $n = 30$, $\overline{x} = 296$, $u^2 = \dfrac{n \times s^2}{n - 1} = \dfrac{30 \times 3.2^2}{29} = \dfrac{1536}{145}$, $\alpha = 0.05$

仮説：$H_0 : \mu = \mu_0 = 300$, $H_1 : \mu \neq 300$（両側検定）

σ^2 は未知だが，$n = 30$ なので大標本とみなす。

H_0 の下で $Z = \dfrac{\overline{X} - \mu_0}{U/\sqrt{n}}$ は近似的に $N(0, 1)$ に従う。

$\alpha = 0.05$ に対する棄却域は，$R = (-\infty, -1.96] \cup [1.96, \infty)$ である。

Z の実現値は $Z_0 = \dfrac{296 - 300}{\sqrt{\dfrac{1536}{145}}/\sqrt{30}} = \sqrt{\dfrac{725}{256}} \times (-4) \fallingdotseq -6.731$

したがって，H_0 は棄却されるので，表示に誤りがあるといえる。

演習問題 6.2

【1】 $n = 30$, $u^2 = 0.2^2$, $\alpha = 0.05$

仮説：$H_0 : \sigma^2 = \sigma_0^2 = 0.3^2$, $H_1 : \sigma^2 < 0.3^2$（左側検定）

H_0 の下で $\chi^2 = \dfrac{(n-1)U^2}{\sigma_0^2}$ は自由度 29 の χ^2 分布に従う。

$\alpha = 0.05$ に対する棄却域は $R = [0, 17.71]$ である。

χ^2 の実現値は $\chi_0^2 = \dfrac{(n-1)u^2}{\sigma_0^2} = \dfrac{29 \times 0.2^2}{0.3^2} \fallingdotseq 12.89$ である。

H_0 は棄却されるので，ボルトの直径のばらつきは小さくなったといえる。

演習問題 6.3

【1】 仮説 H_0：不良品率 $p = p_0 = 0.04$, $H_1 : p < 0.04$（左側検定）

H_0 の下で, $Z = \dfrac{\widehat{P} - p_0}{\sqrt{\dfrac{p_0(1-p_0)}{n}}}$ は近似的に $N(0,1)$ に従う。$\alpha = 0.05$ に対する棄却域は $z_{0.05} = 1.645$ より $R = (-\infty, -1.645]$。一方, $\widehat{p} = 4/150$ より Z の実現値は

$$Z_0 = \frac{\widehat{p} - p_0}{\sqrt{\dfrac{p_0(1-p_0)}{n}}} = \frac{\dfrac{4}{150} - 0.04}{\sqrt{\dfrac{0.04(1-0.04)}{150}}} = -\sqrt{\frac{150}{0.0384}} \times \frac{1}{75} \fallingdotseq -0.833$$

である。Z_0 は棄却域 R に含まれないので, H_0 は棄却されない。よって, 不良品率が下がったとはいえない。

演習問題 6.4

【1】 勝者の体重と敗者の体重の母平均をそれぞれ μ_1, μ_2 とする。

仮説 $H_0 : \mu_1 = \mu_2$, $H_1 : \mu_1 \neq \mu_2$ (両側検定)

H_0 の下で $Z = \dfrac{\overline{X} - \overline{Y}}{\sqrt{\dfrac{\sigma_1^2}{n_1} + \dfrac{\sigma_2^2}{n_2}}}$ は $N(0,1)$ に従う。$\alpha = 0.05$ に対する棄却域は $z_{0.025} = 1.96$ より, $R = (-\infty, -1.96] \cup [1.96, \infty)$ である。一方, Z の実現値は

$$Z_0 = \frac{\overline{x} - \overline{y}}{\sqrt{\dfrac{\sigma_1^2}{n_1} + \dfrac{\sigma_2^2}{n_2}}} = \frac{67.3 - 64.1}{\sqrt{\dfrac{7.48}{40} + \dfrac{11.17}{40}}} = \sqrt{\frac{40}{18.65}} \times 3.2 \fallingdotseq 4.686$$

である。Z_0 は棄却域 R に入るので H_0 は棄却される。よって, 選手の体重は試合結果に影響するといえる。

【2】 旧型車と新型車の燃費の母平均をそれぞれ μ_1, μ_2 とする。

仮説 $H_0 : \mu_1 = \mu_2$, $H_1 : \mu_1 \neq \mu_2$ (両側検定)

H_0 の下で $T = \dfrac{\overline{X} - \overline{Y}}{\sqrt{(n_1-1)U_1^2 + (n_2-1)U_2^2}} \sqrt{\dfrac{n_1 n_2 (n_1 + n_2 - 2)}{n_1 + n_2}}$ は自由度 $n_1 + n_2 - 2 = 60$ の t 分布に従う。$\alpha = 0.05$ に対する棄却域は $t_{0.025}(60) = 2.000$ より, $R = (-\infty, -2] \cup [2, \infty)$ である。一方, T の実現値は

$$T_0 = \frac{\overline{x} - \overline{y}}{\sqrt{(n_1-1)u_1^2 + (n_2-1)u_2^2}} \sqrt{\frac{n_1 n_2 (n_1 + n_2 - 2)}{n_1 + n_2}}$$

$$= \frac{-3.3}{\sqrt{1015.95}} \times \sqrt{\frac{28800}{31}} \fallingdotseq -3.156$$

である。T_0 は棄却域 R に入るので, H_0 は棄却される。よって, 旧型車と新型車の燃費には差があるといえる。

演習問題 6.5

【1】 肥料 A, 肥料 B に関する母分散をそれぞれ σ_1^2, σ_2^2 とする。

仮説 $H_0 : \sigma_1^2 = \sigma_2^2$, $H_1 : \sigma_1^2 \neq \sigma_2^2$

H_0 の下で, $F = U_1^2/U_2^2$ は自由度 $(9,9)$ の F 分布に従う。また, 収穫高のデータより, 肥料 A に関する不偏分散 U_1^2 の実現値 $u_1^2 = \dfrac{34.441}{10-1} \fallingdotseq 3.827$, 肥料 B に関する不偏分散 U_2^2 の実現値 $u_2^2 = \dfrac{41.705}{10-1} \fallingdotseq 4.634$ である。$u_1^2 < u_2^2$ なので, $\alpha = 0.05$ に対する棄却域は $R = [F_{0.025}(9,9), \infty) = [4.026, \infty)$。$F_0 = u_2^2/u_1^2 \fallingdotseq 1.211$ であり, これは棄却域 R に入らないので, H_0 は棄却されない。よって, 肥料 A と肥料 B の収穫高のばらつきに違いがあるとはいえない。

演習問題 6.6

【1】 考える遺伝的形質 (カテゴリー) を, 文中の順番どおりに A_1, A_2, A_3, A_4 とし, 各カテゴリーの比率を p_1, p_2, p_3, p_4 とする。

仮説 $H_0 : p_1 = \dfrac{3}{8}$, $p_2 = p_3 = \dfrac{1}{4}$, $p_4 = \dfrac{1}{8}$

H_0 が正しいとすると, 比率, 観測度数, 期待度数は**解表 6.1** のようになる。

解表 6.1

カテゴリー	A_1	A_2	A_3	A_4	合計
比率	$\dfrac{3}{8}$	$\dfrac{1}{4}$	$\dfrac{1}{4}$	$\dfrac{1}{8}$	1
期待度数	120	80	80	40	320
観測度数	117	75	88	40	320

H_0 の下で, $\chi^2 = \sum_{j=1}^{4} \dfrac{(X_j - np_j)^2}{np_j}$ は自由度 $4-1=3$ の χ^2 分布に従う。$\alpha = 0.05$ に対する棄却域は $\chi_{0.05}^2(3) = 7.815$ より, $R = [7.815, \infty)$ である。一方, χ^2 の実現値は

$$\chi_0^2 = \frac{(117-120)^2}{120} + \frac{(75-80)^2}{80} + \frac{(88-80)^2}{80} + \frac{(40-40)^2}{40}$$

$$= \frac{285}{240} = 1.1875$$

となる。χ_0^2 は R に含まれないため, H_0 は棄却されない。よって, メンデルの法則を否定できない。

演習問題 6.7

【1】 仮説 H_0：性別と最もよく見るテレビ番組のジャンルは独立であるとする。各マスについて期待度数の推定値を計算すると**解表 6.2** のようになる。

解表 6.2

	ドラマ	報道	バラエティー	スポーツ	その他
男性	30.14	31.236	28.496	25.756	21.372
女性	24.86	25.764	23.504	21.244	17.628

H_0 の下で，$\chi^2 = \sum_{i=1}^{2}\sum_{j=1}^{5}\dfrac{\left(X_{ij}-\dfrac{X_{i\cdot}X_{\cdot j}}{n}\right)^2}{\dfrac{X_{i\cdot}X_{\cdot j}}{n}}$ は自由度 $(2-1)(5-1)=4$ の χ^2 分布に従う。$\alpha=0.05$ に対する棄却域は，$\chi^2_{0.05}(4)=9.488$ より $R=[9.488,\infty)$ である。一方，検定統計量 χ^2 の実現値は

$$\chi_0^2 \fallingdotseq \frac{(23-30.14)^2}{30.14}+\frac{(28-31.24)^2}{31.24}+\frac{(28-28.5)^2}{28.5}+\frac{(31-25.76)^2}{25.76}$$
$$+\frac{(27-21.37)^2}{21.37}+\frac{(32-24.86)^2}{24.86}+\frac{(29-25.76)^2}{25.76}+\frac{(24-23.5)^2}{23.5}$$
$$+\frac{(16-21.24)^2}{21.24}+\frac{(12-17.63)^2}{17.63}$$
$$\fallingdotseq 10.15$$

となる。χ_0^2 は棄却域 R に含まれるので，H_0 は棄却される。よって，性別と最もよく見るテレビ番組のジャンルは独立でないといえる。

演習問題 7.1

【1】 仮説 $H_0: a_1=a_2=a_3=0$，$H_1: a_1,a_2,a_3$ のうち一つは 0 でない。

計算を簡単にするために，観測値 x_{ij} を $u_{ij}=(x_{ij}-300)\times\dfrac{1}{10}$ と変換すると，**解表 7.1** のような分散分析表が得られる。

解表 7.1

変動要因	平方和	自由度	平均平方	分散比
A による変動	$S_A=456.05$	$f_a=2$	$V_A=\dfrac{S_A}{f_a}=228.03$	$F=\dfrac{V_A}{V_E}=4.378$
誤差変動	$S_E=416.67$	$f_e=8$	$V_E=\dfrac{S_E}{f_e}=52.083$	
全変動	$S=872.72$	$N-1=10$		

F 分布表より, $F_0 = F_{0.05}(2,8) = 4.459$ であるから, $F = 4.378 < F_0 = 4.459$ となる。したがって, 有意水準 5%でリンゴの重量に関して, リンゴの種類は有意でない。すなわち, リンゴの種類が重量に影響しないことを否定できない。

演習問題 7.2

【1】 仮説 $H_0 : a_1 = a_2 = a_3 = 0$, $H_1 : a_1, a_2, a_3$ のうち一つは 0 でない
   および
   仮説 $H_0' : b_1 = b_2 = 0$, $H_1' : b_1, b_2$ のうち一つは 0 でない
   および
   仮説 $H_0'' : (ab)_{11} = (ab)_{12} = (ab)_{13} = (ab)_{21} = (ab)_{22} = 0$,
   $H_1'' : (ab)_{ij}$ $(i = 1, 2, 3 ; j = 1, 2)$ のうち一つは 0 でない
   計算を簡単にするために, 観測値 x_{ijk} を $u_{ijk} = x_{ijk} - 20$ と変換すると, **解表 7.2** のような分散分析表が得られる。

解表 7.2

変動要因	平方和	自由度	平均平方	分散比
A による変動	$S_A = 50.1667$	$f_a = 2$	$V_A = 25.0834$	$F_A = \dfrac{V_A}{V_E}$ $= 5.679$
B による変動	$S_B = 10.0833$	$f_b = 1$	$V_B = 10.0834$	$F_B = \dfrac{V_B}{V_E}$ $= 2.283$
交互作用による変動	$S_{A \times B} = 10.1667$	$f_{a \times b} = 2$	$V_{A \times B} = 5.0834$	$F_{A \times B} = \dfrac{V_{A \times B}}{V_E}$ $= 1.151$
誤差変動	$S_E = 26.5000$	$f_e = 6$	$V_E = 4.4167$	
全変動	$S = 96.9167$	$f = 11$		

- F 分布表より, $F_0 = F_{0.05}(2,6) = 5.143$ であるから, $F_A = 5.679 > F_0 = 5.143$ となる。したがって, 有意水準 5%で殺虫剤の効果に関して, 成分 A の含有量は有意である。
- F 分布表より, $F_0' = F_{0.05}(1,6) = 5.987$ であるから, $F_B = 2.283 < F_0' = 5.987$ となる。したがって, 有意水準 5%で殺虫剤の効果に関して, 成分 B の含有量は有意でない。
- F 分布表より, $F_0'' = F_{0.05}(2,6) = 5.143$ であるから, $F_{A \times B} = 1.151 < F_0'' = 5.143$ となる。したがって, 有意水準 5%で殺虫剤の効果に関して, 成分 A と成分 B の交互作用は有意でない。

索　　引

【い】
1元配置法　156
一様分布　64, 82
一致推定量　108
一般平均　159, 168
因　子　155

【う】
上側信頼限界　109
上側 $100\alpha\%$ 点　75
ウェルチの検定　141

【え】
F 分布　101

【か】
回帰係数　23
回帰直線　23
階　級　2
階級値　2
χ^2 分布　94
階　乗　29
確　率　34
　　——の公理　35
確率関数　51
確率分布　50
確率変数　50
確率密度関数　68
加重平均　9
加法定理　37

観測度数　147

【き】
棄　却　126
棄却域　125
危険率　109, 124
記述統計　1
期待値　53, 69
期待度数　147
帰無仮説　123
級間隔　3
級間変動　160
級限界　3
級内変動　160
共通部分　27
共分散　19

【く】
空事象　32
空集合　26
偶然誤差　156
区　間　66
区間推定　109
組合せ　29

【け】
系統誤差　156
結果変数　22
元　26
原因変数　22
検出力　127

検定統計量　125

【こ】
交互作用　165, 169
　　——による変動　169
誤差の許容限度　112
誤差変動　159, 169
個　体　1, 84
根元事象　32

【さ】
最小二乗法　23
最頻値　10
残　差　23
散布図　18
散布度　12

【し】
試　行　32
事　象　32
指数分布　83
下側信頼限界　109
実現値　50
四分位範囲　16
集　合　26
修正項　160, 170
集　団　1
主効果　159, 168
順　列　28
条件付き確率　40
小標本　114

乗法定理	41	
信頼区間	109	
信頼係数	109	

【す】

水　準	156
推測統計	84
推定値	104
推定量	104
数学的確率	35

【せ】

正	
──の完全相関	19
──の相関	19
正規分布	72
正規母集団	85
制御因子	156
積事象	32
説明変数	22
セル間変動	170
全事象	32
全体集合	27
全変動	159, 169

【そ】

相　関	18
相関係数	21
相関図	18
相対度数	5
相対頻度	36

【た】

第1四分位数	16
第1種の過誤	127
第3四分位数	16
大数の法則	90
第2四分位数	16
第2種の過誤	127
代表値	8
大標本	113
大標本法	114
対立仮説	124

多元配置法	156

【ち】

中央値	10
抽　出	84
中心極限定理	90
超幾何分布	65

【て】

定性的変数	1
t分布	97
定量的変数	1
データ	1
適合度の検定	147
点推定	104

【と】

統計的確率	36
統計量	87
特　性	1, 84
独　立	42, 56, 87
独立性の検定	151
度　数	2
度数折れ線	5
度数分布表	2

【に】

二項分布	57
二項母集団	92
2次元データ	18

【は】

排　反	33
はずれ値	11
範　囲	15
半整数補正	80
反復試行	47
──の確率	48

【ひ】

ヒストグラム	5
左側検定	124
非復元抽出	85

標準化	77
標準正規分布	73
標準偏差	13, 53, 70
標　本	84
──の大きさ	84
標本空間	32
標本調査	84
標本標準偏差	87
標本比率	92
標本分散	87
標本分布	88
標本平均	87

【ふ】

負	
──の完全相関	19
──の相関	19
復元抽出	85
部分集合	27
不偏推定量	105
不偏性	105
不偏分散	87
分割表	150
分　散	13, 53, 70
分散比	162, 172
分散分析法	155

【へ】

平　均	53, 69
平均値	9
平均平方	162, 172
ベイズの定理	45
平方和	160
ベルヌーイ分布	57
偏　差	13
ベン図	27
変　数	1
変　動	159, 169

【ほ】

ポアソン分布	61
補集合	27
母集団	84

母集団分布	85		【も】		離散型変数	2
母　数	85				両側検定	124
母標準偏差	85	モード		10	理論度数	147
母比率	91	目的変数		22		
母分散	85		【ゆ】		【る】	
母平均	85				累積相対度数	5
【み】		有意水準		124	累積度数	5
		有限集合		26		
右側検定	124	有限母集団		84	【れ】	
【む】		有　効		107	レンジ	15
		有効推定量		107	連続型一様分布	82
無限集合	26		【よ】		連続型確率分布	50
無限母集団	84				連続型確率変数	50
無作為	35	要　素		26	連続型変数	2
無作為抽出	84	余事象		32	連続補正	80
無作為標本	85		【り】		【わ】	
無相関	19					
【め】		離散型一様分布		64	和事象	32
		離散型確率分布		50	和集合	27
メディアン	10	離散型確率変数		50		

―― 著者略歴 ――

道家　暎幸（どうけ　ひでゆき）
1973年　日本大学大学院理工学研究科修了
　現在　東海大学名誉教授
　　　　理学博士

宮﨑　直（みやざき　ただし）
2010年　東京大学大学院数理科学研究科修了
　現在　北里大学准教授
　　　　博士（数理科学）

伊藤　真吾（いとう　しんご）
2009年　東京理科大学大学院理学研究科修了
　現在　北里大学教授
　　　　博士（理学）

酒井　祐貴子（さかい　ゆきこ）
2007年　東北大学大学院理学研究科修了
2010年　早稲田大学大学院基幹理工学研究科
　　　　修了
　現在　北里大学准教授
　　　　博士（理学）

はじめての統計学
Introduction to Statistics

Ⓒ Douke, Ito, Miyazaki, Sakai 2017

2017 年 2 月 28 日　初版第 1 刷発行
2024 年 9 月 10 日　初版第 10 刷発行

検印省略	著　者	道　家　暎　幸
		伊　藤　真　吾
		宮　﨑　　　直
		酒　井　祐貴子
	発行者	株式会社　コロナ社
		代表者　牛来真也
	印刷所	三美印刷株式会社
	製本所	有限会社　愛千製本所

112-0011　東京都文京区千石 4-46-10
発行所　株式会社　コロナ社
CORONA PUBLISHING CO., LTD.
Tokyo Japan
振替 00140-8-14844・電話(03)3941-3131(代)
ホームページ　https://www.coronasha.co.jp

ISBN 978-4-339-06113-0　C3041　Printed in Japan　　（横尾）

〈出版者著作権管理機構　委託出版物〉
本書の無断複製は著作権法上での例外を除き禁じられています。複製される場合は、そのつど事前に、出版者著作権管理機構（電話 03-5244-5088, FAX 03-5244-5089, e-mail: info@jcopy.or.jp）の許諾を得てください。

本書のコピー、スキャン、デジタル化等の無断複製・転載は著作権法上での例外を除き禁じられています。購入者以外の第三者による本書の電子データ化及び電子書籍化は、いかなる場合も認めていません。
落丁・乱丁はお取替えいたします。

コンピュータ数学シリーズ

(各巻A5判，欠番は品切または未発行です)

■編集委員　斎藤信男・有澤　誠・筧　捷彦

配本順			頁	本体
2.（9回）	組合せ数学	仙波一郎著	212	2800円
3.（3回）	数理論理学	林　晋著	190	2400円
10.（2回）	コンパイラの理論	大山口通夫著	176	2200円
11.（1回）	アルゴリズムとその解析	有澤　誠著	138	1650円
16.（6回）	人工知能の理論（増補）	白井良明著	182	2100円
20.（4回）	超並列処理コンパイラ	村岡洋一著	190	2300円
21.（7回）	ニューラルコンピューティング	武藤佳恭著	132	1700円

定価は本体価格+税です。
定価は変更されることがありますのでご了承下さい。

図書目録進呈◆

コンピュータサイエンス教科書シリーズ

(各巻A5判，欠番は品切または未発行です)

■編集委員長　曽和将容
■編集委員　　岩田　彰・富田悦次

配本順			頁	本体
1. (8回)	情報リテラシー	立花 康夫／曽和将容／春日秀雄 共著	234	2800円
2. (15回)	データ構造とアルゴリズム	伊藤大雄 著	228	2800円
4. (7回)	プログラミング言語論	大口 通夫／山味 弘 共著	238	2900円
5. (14回)	論理回路	曽和将容／範公可 共著	174	2500円
6. (1回)	コンピュータアーキテクチャ	曽和将容 著	232	2800円
7. (9回)	オペレーティングシステム	大澤範高 著	240	2900円
8. (3回)	コンパイラ	中田育男 監修／中井央 著	206	2500円
11. (17回)	改訂 ディジタル通信	岩波保則 著	240	2900円
12. (16回)	人工知能原理	加納政雅／山藤芳之／遠藤守 共著	232	2900円
13. (10回)	ディジタルシグナルプロセッシング	岩田 彰 編著	190	2500円
15. (18回)	離散数学	牛島和夫 編著／相廣利雄／朝廣 共著	224	3000円
16. (5回)	計算論	小林孝次郎 著	214	2600円
18. (11回)	数理論理学	古川康一／向井国昭 共著	234	2800円
19. (6回)	数理計画法	加藤直樹 著	232	2800円

定価は本体価格+税です。
定価は変更されることがありますのでご了承下さい。

図書目録進呈◆

自然言語処理シリーズ

(各巻A5判)

■監修　奥村　学

配本順		著者	頁	本体
1.（2回）	言語処理のための**機械学習入門**	高村　大也著	224	2800円
2.（1回）	**質問応答システム**	磯崎・東中 永田・加藤 共著	254	3200円
3.	**情報抽出**	関根　聡著		
4.（4回）	**機械翻訳**	渡辺・今村 賀沢・Graham 共著 中澤	328	4200円
5.（3回）	**特許情報処理：言語処理的アプローチ**	藤井・谷川 岩山・難波 共著 山本・内山	240	3000円
6.	**Web言語処理**	奥村　学著		
7.（5回）	**対話システム**	中野・駒谷 船越・中野 共著	296	3700円
8.（6回）	**トピックモデルによる 統計的潜在意味解析**	佐藤　一誠著	272	3500円
9.（8回）	**構文解析**	鶴岡　慶雅 宮尾　祐介 共著	186	2400円
10.（7回）	**文脈解析** ―述語項構造・照応・談話構造の解析―	笹野　遼平 飯田　龍 共著	196	2500円
11.（10回）	**語学学習支援のための言語処理**	永田　亮著	222	2900円
12.（9回）	**医療言語処理**	荒牧　英治著	182	2400円

定価は本体価格+税です。
定価は変更されることがありますのでご了承下さい。

図書目録進呈◆

電子情報通信レクチャーシリーズ

(各巻B5判，欠番は品切または未発行です)

■電子情報通信学会編

共通

	配本順			頁	本体
A-1	(第30回)	電子情報通信と産業	西村吉雄著	272	4700円
A-2	(第14回)	電子情報通信技術史 ―おもに日本を中心としたマイルストーン―	「技術と歴史」研究会編	276	4700円
A-3	(第26回)	情報社会・セキュリティ・倫理	辻井重男著	172	3000円
A-5	(第6回)	情報リテラシーとプレゼンテーション	青木由直著	216	3400円
A-6	(第29回)	コンピュータの基礎	村岡洋一著	160	2800円
A-7	(第19回)	情報通信ネットワーク	水澤純一著	192	3000円
A-9	(第38回)	電子物性とデバイス	益一哉 天川修平 共著	244	4200円

基礎

	配本順			頁	本体
B-5	(第33回)	論理回路	安浦寛人著	140	2400円
B-6	(第9回)	オートマトン・言語と計算理論	岩間一雄著	186	3000円
B-7	(第40回)	コンピュータプログラミング ―Pythonでアルゴリズムを実装しながら問題解決を行う―	富樫敦著	208	3300円
B-8	(第35回)	データ構造とアルゴリズム	岩沼宏治他著	208	3300円
B-9	(第36回)	ネットワーク工学	田中裕介 村野敬 仙石正和 共著	156	2700円
B-10	(第1回)	電磁気学	後藤尚久著	186	2900円
B-11	(第20回)	基礎電子物性工学 ―量子力学の基本と応用―	阿部正紀著	154	2700円
B-12	(第4回)	波動解析基礎	小柴正則著	162	2600円
B-13	(第2回)	電磁気計測	岩﨑俊著	182	2900円

基盤

	配本順			頁	本体
C-1	(第13回)	情報・符号・暗号の理論	今井秀樹著	220	3500円
C-3	(第25回)	電子回路	関根慶太郎著	190	3300円
C-4	(第21回)	数理計画法	山下信雄 福島雅夫 共著	192	3000円

配本順			頁	本体
C-6 (第17回)	インターネット工学	後藤滋樹・外山勝保 共著	162	2800円
C-7 (第3回)	画像・メディア工学	吹抜敬彦 著	182	2900円
C-8 (第32回)	音声・言語処理	広瀬啓吉 著	140	2400円
C-9 (第11回)	コンピュータアーキテクチャ	坂井修一 著	158	2700円
C-13 (第31回)	集積回路設計	浅田邦博 著	208	3600円
C-14 (第27回)	電子デバイス	和保孝夫 著	198	3200円
C-15 (第8回)	光・電磁波工学	鹿子嶋憲一 著	200	3300円
C-16 (第28回)	電子物性工学	奥村次徳 著	160	2800円

展開

			頁	本体
D-3 (第22回)	非線形理論	香田徹 著	208	3600円
D-5 (第23回)	モバイルコミュニケーション	中川正雄・大槻知明 共著	176	3000円
D-8 (第12回)	現代暗号の基礎数理	黒澤馨・尾形わかは 共著	198	3100円
D-11 (第18回)	結像光学の基礎	本田捷夫 著	174	3000円
D-14 (第5回)	並列分散処理	谷口秀夫 著	148	2300円
D-15 (第37回)	電波システム工学	唐沢好男・藤井威生 共著	228	3900円
D-16 (第39回)	電磁環境工学	徳田正満 著	206	3600円
D-17 (第16回)	VLSI工学 —基礎・設計編—	岩田穆 著	182	3100円
D-18 (第10回)	超高速エレクトロニクス	中村徹・三島友義 共著	158	2600円
D-23 (第24回)	バイオ情報学 —パーソナルゲノム解析から生体シミュレーションまで—	小長谷明彦 著	172	3000円
D-24 (第7回)	脳工学	武田常広 著	240	3800円
D-25 (第34回)	福祉工学の基礎	伊福部達 著	236	4100円
D-27 (第15回)	VLSI工学 —製造プロセス編—	角南英夫 著	204	3300円

定価は本体価格+税です。
定価は変更されることがありますのでご了承下さい。

図書目録進呈◆

シリーズ 情報科学における確率モデル

(各巻A5判)

■編集委員長　土肥　正
■編集委員　　栗田多喜夫・岡村寛之

配本順				頁	本体
1	(1回)	統計的パターン認識と判別分析	栗田多喜夫・日高章理 共著	236	3400円
2	(2回)	ボルツマンマシン	恐神貴行 著	220	3200円
3	(3回)	捜索理論における確率モデル	宝崎隆祐・飯田耕司 共著	296	4200円
4	(4回)	マルコフ決定過程 ─理論とアルゴリズム─	中出康一 著	202	2900円
5	(5回)	エントロピーの幾何学	田中勝 著	206	3000円
6	(6回)	確率システムにおける制御理論	向谷博明 著	270	3900円
7	(7回)	システム信頼性の数理	大鑄史男 著	270	4000円
8	(8回)	確率的ゲーム理論	菊田健作 著	254	3700円
9	(9回)	ベイズ学習とマルコフ決定過程	中井達 著	232	3400円
10	(10回)	最良選択問題の諸相 ─秘書問題とその周辺─	玉置光司 著	270	4100円
11	(11回)	協力ゲームの理論と応用	菊田健作 著	284	4400円
		マルコフ連鎖と計算アルゴリズム	岡村寛之 著		
		確率モデルによる性能評価	笠原正治 著		
		ソフトウェア信頼性のための統計モデリング	土肥正・岡村寛之 共著		
		ファジィ確率モデル	片桐英樹 著		
		高次元データの科学	酒井智弥 著		
		空間点過程とセルラネットワークモデル	三好直人 著		
		部分空間法とその発展	福井和広 著		
		連続-kシステムの最適設計 ─アルゴリズムと理論─	山本久志・秋葉知昭 共著		

定価は本体価格+税です。
定価は変更されることがありますのでご了承下さい。

図書目録進呈◆